事業者必携

三訂版 建設業の法務と労務
実践マニュアル

社会保険労務士 林　智之 監修

三修社

はじめに

　建設産業を支える建設業の就業者数は、我が国の就業者数の10%弱もあり、雇用を確保する観点から見ても非常に重要な産業だといえます。

　国土交通省では建設業のさらなる発展に向けた施策を実施しつつあります。労働者不足・社会保険未加入対策をはじめとした労働条件の改善や、公正・透明な発注と契約を実現する取組み、建設業法に基づく立入検査など、今後、さらに本格化していくものと思われます。

　建設業法と同様に、労働安全衛生法は労働者にとっても事業者にとっても身近で、重要な法律です。職場には労働災害につながるたくさんの危険が存在していますが、労働安全衛生法では、労働災害を防止するために必要な対策を講じるよう、事業主に様々な義務を課しています。

　本書は、実務で必要になると思われる建設業をめぐる様々な法律や手続きについてその基本事項を平易に解説した入門書です。

　１章では、建設業の法務や労務担当者が関わる法律の概観、２章は「請負」「下請」を中心とした契約をめぐる法律やガイドラインの知識、３章で「技術者制度」や「施工体制台帳」「ジョイントベンチャー」などの制度をとりあげました。

　４章以降は労務です。４章で労働基準法を中心とした労務をめぐる知識、５章で労働安全衛生管理体制、６章で健康管理と安全衛生教育、７章で安全衛生規程など安全衛生関連の申請書式についてとりあげています。基本事項から、建設業法、労働基準法、労働安全衛生法などで使用されている難解な知識について、できるだけ平易な言葉で解説しました。三訂版発行にあたり、働き方改革に伴う労働基準法の改正や令和２年10月施行の建設業法改正、労働安全衛生法、社会保険、労働保険などの最新の法改正にも対応しています。定められた条件や措置の内容なども読みやすく図表化していますので、「詳しく知らなかった」という人にとってもわかりやすい表現となるように配慮しています。

　本書が、建設業の法務、労務に携わる皆様や事業者の方々のお役に立つことができるよう祈念しております。

監修者　社会保険労務士　林　智之

Contents

第6章　労働者の健康管理と安全衛生教育

Q & A

第1章

建設業の法務と
労務の基本

建設業と関わる法律について知っておこう

建設業に関わる法律は多岐にわたる

● 建設業とは

　建設業とは、建設工事の完成に対して対価が支払われる請負業のことをいいます。建設業では、元請・下請といった言葉がよく使われることからもわかるように、一つの仕事について複数の事業者が関わって行う形態が多いといえますが、元請であるか下請であるかは関係なく、建設工事に関わるこれらのすべてが「建設業」に該当することになります。建設業は法律によって29種類に分類されています（次ページ）。この分類は建設工事の内容によるものです。29種類の建設工事のうち、いずれかの建設業を営む建設業者であり、一定の条件（次ページ）に該当する場合は、国土交通大臣や都道府県知事に対して申請を行い、建設業許可を受けなければなりません。

● 専門工事と一式工事

　建設業法にいう建設工事は29種類に分類され、「工種」または「業種」と呼びますが、本書では「工種」の呼び方で統一しています。**工種**は2つの一式工事（建築一式工事・土木一式工事）と27の専門工事に分けられます。一式工事とは、元請業者の立場で総合的な企画、指導、調整の下に行う工事を指します。ただし、一式工事の許可を取得しても、27の専門工事も含めて行えるわけではありません。

　たとえば、延べ面積150㎡以上の木造住宅の新築工事を発注者（施主）と直接契約を結び（元請）、それぞれの専門工事の業者（下請）を束ねるのであれば、「建築一式工事」の許可が必要です。

　しかし、改修工事の場合は、工事内容が概ね同じでも「建築一式工

事」の許可のみで請け負うことはできません。改修工事では、柱や梁の工事などを中心に行う場合は「大工工事」、内装の工事などを中心に行う場合は「内装仕上工事」といった専門工事の許可が必要です。

　これに対し、建築確認申請が必要なほどの大規模な改修工事は、例外的に「建築一式工事」とされます。たとえば、壁、柱、床、梁、屋根、階段などの主要構造部の一種以上についての過半修繕工事や、6畳間を増改築する工事などです。これらを元請として受けるのであれば「建築一式工事」の許可が必要になります。

　ただし、実際には元請でなくても、一括下請負として「総合的な企画、指導、調整」を行っている業者も存在します。この場合、民間工事であれば、「発注者から適正な承諾を得ている場合」に「建築一式工事」と扱われることがあります。非常に難しい判断基準ですが、これらの違いを覚えておくことで、自身（自社）の行った工事経歴が実務経験の確認資料（裏付け資料）として取り扱えるか否かの目安にできますので、参考にしてみてください。

● 都道府県知事または国土交通大臣の許可が必要

　建設業を行うためには、原則として、建設工事の種類ごとに許可を

■ 29種類の建設工事 ……………………………………………………

土木一式工事	建築一式工事	大工工事
左官工事	とび・土工・コンクリート工事	石工事
屋根工事	電気工事	管工事
タイル・れんが・ブロツク工事	鋼構造物工事	鉄筋工事
舗装工事	しゅんせつ工事	板金工事
ガラス工事	塗装工事	防水工事
内装仕上工事	機械器具設置工事	熱絶縁工事
電気通信工事	造園工事	さく井工事
建具工事	水道施設工事	消防施設工事
清掃施設工事	解体工事	

取得することが必要です。建設業の許可は**都道府県知事または国土交通大臣**が行います。知事と大臣のどちらに申請するかは営業所の所在区域によって変わります。建設業の営業所が1つの都道府県のみに存在する場合は都道府県知事の許可が必要です。一方、建設業の営業所が複数の都道府県に存在する場合は国土交通大臣の許可が必要です。

　営業所とは、建設工事に関する請負契約の見積・入札・締結などを行う常設事務所を指します。したがって、本店・支店などの名称や登記上の表示にとらわれることなく、建設業に関する営業に実質的に関与する場であれば営業所になります。

● 建設業の法務や労務ではどんな仕事をするのか

　建設業に関係する法律は多岐にわたるため、実際の業務に対する関係法令の適用を事前に整理しておく必要があります。たとえば、建設業の許可、公共工事の入札、下請契約の締結、工事現場での作業、産業廃棄物の処理などに関する関係法令の遵守といった法務に関わることは、事前に整理して問題のないようにしておくことが重要です。

　さらに、社会保険、労災、労働者の雇用、外国人労働者の受入れ体制などの労務に関することも、後にトラブルとなって訴訟に至る可能性も含めて、法務と労務が一体となった対応が必要になります。

■ 建設業と関わる主な法律 ………………………………………

建設関係	建設業法、建築基準法、独占禁止法、建築士法、住宅品質確保法、住宅瑕疵担保履行法、廃棄物処理法、建設リサイクル法、建設機械抵当法、都市計画法、宅地造成等規制法、騒音規制法、振動規制法、入札契約適正化法　など
労働関係	労働基準法、労働安全衛生法、建設雇用改善法、職業安定法、最低賃金法、労働者派遣法、入管法　など

2 建設業法に違反するとどうなるのか

法令違反の代償は大きい

● 建設業法上の監督処分の種類と処分内容の公表

　建設業者が建設業法及び他の法令に違反する行為（不正行為等）をした場合は、監督官庁（原則として許可権者）により建設業法上の監督処分が行われます。**監督処分**とは、違反業者の是正を行い、または違反業者を建設業者から排除することを目的として、直接に法の遵守を図る行政処分です。間接的に法律の遵守を図る罰則とは違います。

　建設業法上の監督処分には、①指示処分、②営業停止処分、③許可取消処分、④営業禁止処分の4種類があります。

　指示処分（28条1項・2項・4項）とは、監督官庁が建設業者に不正行為等を是正するためにすべき事項を命じる処分です。指示処分に従わない建設業者は、次に**営業停止処分**（28条3項・5項）を受けます。営業停止期間は監督官庁が1年以内の範囲で決定します。不正行為等の程度が比較的大きい場合は、指示処分を経ずに、直ちに営業停止処分を受けることがあります。

　そして、営業停止処分にも従わない建設業者は、建設業の**許可取消処分**（29条、29条の2）を受けます。不正行為等の態様が特に悪質である（情状が特に重い）場合は、指示処分や営業停止処分を経ずに、直ちに許可取消処分を受けることがあります。

　また、営業禁止処分とは、建設業者に営業停止処分や許可取消処分をするのと同時に、当該建設業者の役員などに対して一定期間処分を受けた範囲の営業を新たに開始することを禁止する処分です。

　指示処分や営業停止処分がなされると、処分内容が業者名・所在地などとともに建設業者監督処分簿に記載されます（5年間）。建設業

者監督処分簿は誰でも閲覧可能です。営業停止処分や許可取消処分を受けた場合は、その旨が業者名・所在地とともに公告されます。

　建設業法上の措置以外にも、大臣許可業者については、監督処分の情報が国土交通省のホームページに公表されます。また、知事許可業者を含めた監督処分の情報は、「国土交通省ネガティブ情報等検索サイト」（https://www.mlit.go.jp/nega-inf/）で検索できます。

　国土交通省は、建設業法等の法令に違反している建設業者の情報提供（通報）窓口として「駆け込みホットライン」（0570−018−240）を設置しており、法令違反またはその疑いのある行為をしていれば、下請事業者や注文者などに通報される可能性があります。調査の結果、法令違反があれば監督処分が行われることがあります。

◉ 営業停止処分を受けるとどうなるのか

　営業停止処分により停止を命ぜられる行為は、請負契約の締結・入札・見積りなどと、これらに付随する行為です。そのため、必ずしもすべての業務ができなくなるわけではありません。

　たとえば、新しい建設工事の請負契約を締結すること、処分前の請負契約について追加工事に関する変更をすること、新しい建設工事の請負契約の入札・見積り・交渉をすることなどは、営業停止期間中に行うことができません。しかし、処分前の請負契約に基づく工事を施工すること、施工ミスやアフターサービス保証に基づく修繕工事をすること、災害時の緊急工事をすること、請負代金の請求・受領・支払いをすること、建設業許可・資格審査の申請などは、営業停止期間中でも行うことができます。

◉ 罰則が科されることもある

　前述した監督処分は、監督官庁という「行政庁」（国や地方公共団体の意思を決定して外部に表示する機関）による行政処分（行政庁が

私人の権利義務関係に変動を与える行為）に該当します。

　一方、違反行為をした建設業者には「裁判所」が罰則を科すことがあります。原則として、検察官が建設業法違反として起訴を行い（起訴前に逮捕・勾留により身柄を拘束されることもあります）、刑事裁判の手続（公判手続）を経て罰則が科されます。つまり、建設業法違反をした場合は、監督処分に加えて罰則も科されることがあります。

　罰則は違反内容により異なります。たとえば、無許可で建設工事を請け負った場合、違反行為者（社長または工事責任者など）に「3年以下の懲役または300万円以下の罰金」が科される（47条1号）とともに、その違反行為者が働いている法人（建設会社）にも「1億円以下の罰金」が科されます（53条1号）。

● 指名停止措置や公正取引委員会の措置

　指名停止措置とは、発注者が、競争入札参加資格登録をしている業者を、契約の相手方として不適当と判断し、一定の期間、競争入札に参加させない措置です。不適当な相手方かどうかは、発注者が独自に定めた要領や運用基準に基づき判断しています。建設業法違反も不適当な相手方に含まれる場合があります。たとえば、「東京都水道局競争入札参加有資格者指名停止等措置要綱」では、建設業法に違反して営業停止処分を受けた場合、東京都発注の契約に関する競争入札に3か月以上9か月以内（標準4か月）の範囲で指名停止を受けます。

　また、建設業法の規定する、①不当に低い請負代金の禁止、②不当な使用資材等の購入強制の禁止、③下請代金の支払、④検査及び引渡し、⑤特定建設業者の下請代金の支払期日等、のいずれかに違反する事実があり、それが独占禁止法19条（不公正な取引方法の禁止）に違反していると認める場合、建設業者は、独占禁止法上の措置を受けることがあります（国土交通大臣または都道府県知事が公正取引委員会に対して措置を求めます。建設業法42条）。

建設業法の改正について知っておこう

工期適正化や労務費相当分の支払などで新ルールが定められた

◉ なぜ建設業法が改正されたのか

　近年の建設業法の大きな改正は、2019年（令和元年）6月に公布され、2020年（令和2年）10月1日から施行されています。近年の自然災害の増加に伴い、建設業者には、復興を支える「地域の守り手」としてのニーズが高まっており、持続可能な事業環境を確保する必要があります。その反面として、建設業は長時間労働が常態化しており、働き方改革を推進する必要があります。また、労働者の高齢化が急速に進み、若者離れが進行しているので、建設現場の生産性を向上させる必要もあります。以上の3つの観点から、建設業法が改正されました。

① 建設業の働き方改革の促進

　建設業は長時間労働が常態化しており、その是正が急務であるとして、建設業の働き方改革を推進するための改正がなされました。少子高齢化に伴い生産年齢人口が減少することや、育児介護と仕事の両立をはじめとする働き方のニーズの多様化に対応するため、「働き方改革を推進するための関係法律の整備に関する法律」（働き方改革法）に基づく法改正が2019年（平成31年）4月から順次施行されています（21ページ）。

　建設業の働き方改革の推進では、たとえば、通常必要と考えられるより著しく短い期間を工期とする請負契約の締結を禁止するなど、長時間労働の是正が図られるようになりました。

② 建設現場の生産性向上

　建設業では、年齢別に技能者の数で見ると、60歳以上の者は82.8万人（建設業界全員の約25.2％）であるのに対し、30歳未満の者は38.5

万人（建設業界全員の11.1%）と若者が極端に不足しています。建設現場の急速な高齢化と若者離れが深刻な問題となっているのです。

この問題に対応するため、建設現場の生産性向上の取組みを強化するという方向の法改正も行われました。具体的には、工事現場の技術者に関する規制の合理化、建設工事の施工の効率化の促進のための環境整備があります。

③ 持続可能な事業環境の確保

地方を中心に建設業者が減少して、後継者がいないという問題が重要な経営課題となっています。このような建設業者が活躍できない状況を、建設業者が活躍できるように変えるために、将来にわたって業務を続けられるような持続可能な事業環境を整備するという方向の法改正も行われました。

具体的には、建設業者の許可を得るための経営管理業務責任者等の要件の緩和、建設業者の合併や事業譲渡に際して事前認可の手続きにより円滑に事業承継ができるしくみの構築があります。

● 経営業務管理責任者等の要件の緩和

建設業者の営業所（本社や本店）には経営業務管理責任者等がいなければなりません。経営業務管理責任者等とは、建設業の経営管理を適正に行う能力を有する者です。これまでは、「役員個人の経営経験」のみに基づき、経営業務管理責任者等の要件をクリアするかを判断していましたが、2020年（令和2年）10月施行の法改正により、「常勤役員個人の経営経験」の他に、組織の経営経験として「常勤役員を含む社員グループ単位の経営経験」に基づき、経営業務管理責任者等の要件をクリアするかを判断できるようになりました（18ページ図参照）。

● 限りある人材の有効活用と若者の就職促進

近年の建設業における人手不足の解消や人件費の削減という課題の

解決を実現するために、限られた人材や資材を有効活用するための改正が行われています。これにより建設現場の生産性も向上することができ、若者に対しても魅力的な仕事になるよう考えられています。

　具体的には、①監理技術者の専任の緩和、②技術検定制度の見直し、③主任技術者の配置義務の見直し、④社会保険の未加入問題解決などがあります。

■ 経営業務管理責任者等の要件を満たすには ……………………
以下のいずれかの体制を有する必要がある！

常勤役員個人の経験	常勤役員を含む社員グループ単位の経営経験
常勤役員のいずれか個人が以下のいずれかの要件にあてはまる必要がある。	常勤役員のいずれか個人が以下の①～②のいずれかの要件にあてはまり、加えて、常勤役員を補佐する者が以下の③～⑤のいずれかの要件にあてはまる必要があります。

常勤役員個人の経験

① 建設業に関し5年以上の経営業務の管理責任者としての経験を有すること。

② 建設業に関し経営業務の管理責任者に準ずる者（経営業務を執行する権限の委任を受けた者）として5年以上経営業務を管理した経験を有すること。

③ 建設業に関し経営業務の管理責任者に準ずる者（経営業務を執行する権限の委任を受けた者）として6年以上経営業務の管理責任者を補助する業務に従事した経験を有すること。

常勤役員を含む社員グループ単位の経営経験

常勤役員のいずれか個人の要件

① 建設業に関し2年以上の役員等としての経験と5年以上役員等（あるいは財務管理、労務管理、業務運営の業務を担当した職制上の地位）の経験を有すること

② 5年以上役員等としての経験を有し、建設業に関する2年以上役員等としての経験を有する者

常勤役員を補佐する者

③ 申請事業者において5年以上の財務管理の経験を有すること

④ 申請事業者において5年以上の労務管理の経験を有すること

⑤ 申請事業者において5年以上の運営業務の経験を有すること

※個人事業主の場合「常勤役員」＝「本人 or 支配人」

① 監理技術者の専任の緩和

これまで建設業者は、元請の建設業許可業者が現場に監理技術者を配置する際、請負金額が3,500万円（建築一式工事は7,000万円）以上の工事について、工事現場ごとに監理技術者を専任で配置することが求められ、その監理技術者は他の現場との兼任ができませんでした。

しかし、改正後は監理技術者を補佐する者を現場に専任で配置することで、監理技術者が複数現場を兼任できるようになりました。

② 技術検定制度の見直し

現在、建設業の就業者は55歳以上が約３割、29歳以下が約１割となっており、若年層の就職数は大幅に減少し、離職率も高いとされています。若年層の活躍の場や経験の蓄積を実現するため、①監理技術者の専任の緩和とも関係する改正として、これまでの技術検定制度を変更し、従来の「技士」に加え「技士補」という称号が新設されました。

③ 主任技術者の配置義務の見直し

これまで下請の建設業者は現場に主任技術者を必ず配置しなければなりませんでしたが、型枠工事や鉄筋工事で、元請が当該工事を施工するための下請契約の請負代金（複数ある場合は合計額）が3,500万円未満のときは主任技術者を配置しなくてもよくなりました。

④ 社会保険の未加入問題解決

労働条件改善の取組みとして社会保険未加入の問題があります。2012年（平成24年）11月にもガイドライン改訂がありましたが、2020年（令和２年）10月以降は、各作業員の社会保険加入状況の確認を行えるよう、社会保険加入情報の正確性が担保される建設キャリアアップシステムの登録情報を活用した保険加入状況の確認が原則化されました。

● 工期適正化や労務費相当分の支払などで新ルール

改正建設業法の中でも重要な働き方改革の促進では、主に①工期適

正化や②労務費相当額の現金払いという2点をルール化することで、常態化する長時間労働や現場の過酷な労務条件の改善を促すことを目指しています。

① 工期適正化

建設業の長時間労働の是正として、中央建設業審議会が作成した工期に関する基準に沿って、まず建設業者が依頼を受けた建設内容およびその準備に必要な日数を見積もり、注文者は、それを受けて通常必要と考えられる期間と比べて著しく短い工期による請負契約の締結が禁止されました（建設業法19条の5）。

この著しく短い工期の禁止に違反した場合、その注文者は、当該建設業者の許可をした国土交通大臣または都道府県知事から勧告を受け、勧告に従わない場合は、その旨が公表されることがあります（建設業法19条の6）。また、発注者が建設業者である場合は、勧告や公表だけでなく、当該建設業者の許可をした国土交通大臣または都道府県知事から指示処分を受けることもあります（建設業法28条）。

② 労務費相当額の現金払い

従来から建設業者の中には、経営状態が良好でない業者や、従業員に対する意識が低い業者が多く存在しました。これは取引の対価が掛けや手形による支払いとなっていたことも多く、回収まで何か月も費やすこととなり、下請けの建設業者が資金繰りに陥る状況が多く見受けられました。

そこで、元請業者が下請業者に下請代金を支払う際、労務費に相当する部分については、現金払いとするよう適切に配慮すべきことになりました（建設業法24条の3第2項）。現金払いにより、建設業者が下請代金を受け取った際に、労務費として支払うべき賃金や法定福利費（主に健康保険、厚生年金、労災保険の保険料）などの原資が適切に確保されます。これは建設業に多く存在する一人親方などの実質元請けの労働者となる事業者に配慮した改正といえます。

④ 働き方改革で何が変わったのか

建設業の特殊性を考慮して働き方改革を進めていく必要がある

● 働き方改革法とは

　2018年（平成30年）7月に、「働き方改革を推進するための関係法律の整備に関する法律」（働き方改革法）が公布されました。これに伴い30以上の法律が改正されています。**働き方改革法**には、①働き方改革の総合的かつ継続的な推進、②長時間労働の是正と多様で柔軟な働き方の実現、③すべての雇用形態で労働者の公正な待遇を確保するという主な目的があります。特に、建設業をはじめとする多くの企業にとっては、②長時間労働の是正と多様な働き方の実現や、③労働者の公正な待遇の確保に向けた労働環境の整備に取り組む責務が重要です。

①　働き方改革の総合的かつ継続的な推進

　働き方改革の目的を達成するため、労働者が有する能力を有効に発揮できるようにするための基本方針を国が定めることとされています。

②　長時間労働是正などに関する改正

　長時間労働の是正と多様で柔軟な働き方の実現については、具体的に、労働基準法の改正をはじめとする労働時間に関する制度の見直し、労働時間等設定改善法における勤務間インターバル制度の促進、労働安全衛生法における産業医などの機能の強化を中心とした改正が行われます。これらの改正は、原則として、2019年（平成31年）4月1日から施行されています（中小企業については取扱いが異なります）。ただし、建設業については例外的な取扱いがなされる部分があります。

③　公正な待遇の確保に関する改正

　雇用形態にかかわらず労働者の公正な待遇を確保することについては、パートタイム・有期雇用労働法、労働契約法、労働者派遣法によ

り、様々な雇用形態における不合理な待遇を禁止し、待遇差に関する説明を義務化する規定が整備された点が重要です。これらの改正は、原則として、2020年（令和2年）4月1日から施行されています。

● 働き方改革で具体的にどんなことをしなければならないのか

　建設業も働き方改革における前述の①から③の目的を達成する必要がある点は、他業種と変わりません。しかし、建設業は、他の業種に比べて、作業の進捗状況などに応じて労働者の就業が長時間化する傾向があります。特に中小企業で建設業を営んでいる場合は、請負形式で建設作業を遂行しているケースも多く、注文主が指定する工期に合わせて計画的に建設作業を進めていかなければならず、労働者の休日を機械的に決定することが難しい状況にあります。

　たとえば、働き方改革法に伴う労働基準法などの改正により、時間外労働に対して罰則付きの上限規制が設けられました。しかし、建設業は上記のような業種としての特殊性から、罰則付きの上限規制を直ちに適用することが難しいため、働き方改革の一般的な施行日（平成31年4月1日）から5年間の猶予期間が認められています。ただし、5年間の経過後も、災害復旧・復興事業については、罰則付きの上限規制の一部（1か月100時間未満、2～6か月平均80時間以内）の適用が除外され、将来的に適用の検討をしていくことになります。

●「働き方改革実行計画」と「工程表（ロードマップ）」

　建設業を営む事業所が働き方改革を進めていく上で確認しなければならないのは、**働き方改革実行計画**と**工程表（ロードマップ）**です。「働き方改革実行計画」は、建設業にとどまらず、働き方改革全体に関する計画として2017年（平成29年）に決定された指針です。その中で、建設業においては、前述のように、働き方改革の一般的な施行日（平成31年4月1日）から5年間（令和6年3月まで）は、罰則付

きの時間外労働の上限規制の適用が猶予されることが示されています。その上で、5年後（令和6年4月から）の適用に向けて、労働時間の段階的な短縮に向けた取組みを強力に推進することを求めています。

　また、「働き方改革実行計画」と合わせて「工程表」が示されています。「工程表」は、働き方改革における各々の事項につき、2027（令和9）年度以降までを見越して時系列で指標を示しています。たとえば、時間外労働の上限規制に関して、建設業においては、2024（令和6）年度までの期間を「施行準備・周知徹底期間」と位置付け、段階的な働き方改革の実現をめざしていくとの指針が示されています。「工程表」の中では、以下のような建設業における働き方改革の留意点が示されています。

① 働き方改革の一般的な施行日の5年後に（令和6年4月から）、罰則付きの時間外労働の上限規制を適用する

② 復旧・復興に関わる建設については、時間外労働と休日労働の合計を1か月100時間未満かつ2か月から6か月の平均で80時間以内に抑えなければならないという上限規制は適用しない

③ ②の例外についても将来的には①を適用する規定を設けていく

④ 発注者の理解・協力を得ながら、労働時間の短縮に向けた取組みを段階的に推進する（建設業における長時間労働については、発注者との取引環境もその要因にあるため）

● 建設工事における適正な工期設定等のためのガイドラインとは

　建設業においては、2024（令和6）年度から、本格的に働き方改革法の内容が適用されますが、その間の請負契約の当事者（発注者・受注者）が取り組むべき事項の指針が示されています。それが**建設工事における適正な工期設定等のためのガイドライン**（以下では「ガイドライン」と表記します）です。

　ガイドラインでは、発注者・受注者が対等な立場で請負契約を締結

することを求めて、長時間労働を前提とする短期間の工期の設定にならないよう、適正な工期の設定を受注者の役割とし、施工条件を明確化して適正な工期を設定することを発注者の役割としています。その上で、建設工事に伴うリスクに関する情報を、発注者・受注者が共有して、役割分担を明確化することを求めています。そして、具体的な取組みとして、以下の事項を列挙しています（下図）。

① **適正な工期設定・施工時期の平準化**

工期の設定にあたって、週休2日など、労働者の休日を確保することに努めるとともに、違法な長時間労働を助長する「工期のダンピング」（その工期によっては建設工事の適正な施工が通常見込まれない請負契約の締結）を禁止しています。

② **必要経費へのしわ寄せ防止**

公共工事設計労務単価の動きや生産性向上の努力などを勘案した積算・見積りに基づき、適正な請負代金の設定を求めています。

③ **生産性の向上**

建設工事全体を通じて、発注者・受注者双方が連携して、生産性を意識した施工を心がけることを求めています。たとえば、設計・施工などに関する集中検討（フロントローディング）の積極活用などが推奨されています。

④ **下請契約における取組み**

下請契約においても、適正な工期・下請代金を設定するとともに、特に労働者の賃金水準の確保に留意することを求めています。

⑤ **適正な工期設定のための発注者支援の活用**

工事の性質に応じて、外部機関（コンストラクション・マネジメント企業など）の支援を活用することを推奨しています。

● **「建設業働き方改革加速化プログラム」について**

長時間労働を是正する上では、労働時間の短縮に取り組むことはも

ちろんのこと、労働者の休日を確保することが重要です。そこで、週休2日の確保など、働き方改革に伴う取組みの一層の推進をめざして、**建設業働き方改革加速化プログラム**（以下では「プログラム」と表記します）が策定されています。プログラムは、①長時間労働の是正に関する取組み、②給与・社会保険に関する取組み、③生産性向上に関する取組み、という主に3つの柱により構成されています。

① 長時間労働の是正に関する取組み

　公共工事について、週休2日工事を大幅に拡大することをめざして、必要経費の計上に必要な労務費の補正などを導入し、週休2日制の導入を後押ししています。また、適正な工期の設定に必要な範囲で、ガイドラインの改訂についても言及しています。

② 給与・社会保険に関する取組み

　建設技能者について、2024年（令和6年）までに建設キャリアアップシステムへのすべての建設技能者の登録を推進するとともに、各自

■ 建設工事における適正な工期設定等のためのガイドライン …

【長時間労働の是正に向けた取組み】	
① 適正な工期設定・施工時期の平準化	● 休日の確保（週休2日） ● 機材などの準備期間、現場の片付けの期間の考慮 ● 降雨・降雪などの作業不能日数の考慮 ● 工期のダンピングの防止、予定工期内での工事完了が困難な場合の工期の適切な変更　など
② 必要経費へのしわ寄せ防止	● 社会保険の法定福利費などを見積書などに明示 ● 適正な請負代金による請負契約の締結　など
③ 生産性の向上	● 3次元モデルによる設計情報などの蓄積 ● フロントローディングの積極活用　など
④ 下請契約における取組み	● 日給制の技能労働者などの処遇水準の考慮 ● 一人親方についての長時間労働の是正や週休2日の確保　など
⑤ 適正な工期設定のための発注者支援の活用	● 外部機関（コンストラクション・マネジメント企業など）の活用

の技能や経験に応じた適正な給与の支払いを実現することを掲げています。また、社会保険に未加入の建設企業について、建設業の許可や更新を認めないしくみを構築し、社会保険への加入を建設業におけるスタンダードにすることを目標として提示しています。

③　生産性向上に関する取組み

公共工事の積算基準などを改善して、中小企業におけるICT活用を促すことや、生産性向上に取り組む建設企業を後押しする体制を構築することをめざします。また、IoTや新技術の導入などにより、施工品質の向上と省力化を図ることを求めています。

● 建設業界の取組み

建設業における働き方改革として、時間外労働に関する罰則付きの限度時間への取組みは特に重要であり、2024（令和6）年度からの適用に向けて、入念に準備していく必要があります。他方で、働き方改革には、他にも勤務間インターバル制度の促進化や、パートタイム労働者や派遣労働者に対する公正な待遇の確保など、重要な改正が含まれています。そして、これらの改正は基本的には建設業においても適用されるため、時間外労働に関する上限規制以外にも、様々な事項に対する取組みが必要であることを認識しておく必要があります。

■ 建設業働き方改革加速化プログラム ……………………………

取組み	具体的な内容
長時間労働の是正	① 週休2日制の導入の後押し ② 発注者の特性をふまえた工期の適正な設定の推進
給与・社会保険に関する取組み	① 技能・経験に応じた給与の実現 ② 社会保険加入のスタンダード化
生産性向上に関する取組み	① 生産性向上に取り組む建設企業の後押し ② 仕事の効率化 ③ 人材・資機材などの効率的な活用の促進

労働安全衛生法とはどんな法律なのか

労働者が快適に職場で過ごせるようにする法律

● どんな法律なのか

　労働安全衛生法は、職場における労働者の安全と健康を確保し、快適な職場環境を作ることを目的として昭和47年に制定された法律です。もともとは労働基準法に安全衛生に関する規定がありましたが、その重要性から独立した法律として置かれることになりました。このため、同法1条には「労働基準法と相まって労働者の安全と健康を確保するとともに、快適な職場環境の形成を促進する」と規定されています。

　同法には、①この目的を達成するために厚生労働大臣や事業者が果たすべき義務や、②機械や危険物、有害物に対する規制、③労務災害を防止するための方策を講じなければならないこと、④事業者は労働者の安全を確保するために安全衛生を管理する責任者を選出しなければならないこと、⑤法に反した際の罰則などが規定されています。

● どのようなスタッフを配置する義務があるのか

　労働安全衛生法は、労働者の安全と衛生を守るため、様々な役割をもつスタッフを事業場に配置することを事業者に対して求めています。労働安全衛生法により配置が義務付けられているスタッフや組織には、総括安全衛生管理者、産業医、安全管理者、衛生管理者、安全衛生推進者・衛生推進者、安全委員会・衛生委員会などがあります。

● 会社が講じるべき措置

　労働安全衛生法は、事業者が配置すべきスタッフの種類の他にも、事業者が講じるべき措置について定めています。まず、機械などの設

備により、爆発・発火などの事態が生じる場合や、採石や荷役などの業務から危険が生じる可能性がある場合には、それを防止する措置を講じなければならないことを定めています（21条）。また、ガスや放射線あるいは騒音などにより労働者に健康障害が生じるおそれがある場合にも、事業者は労働者に健康障害が生じないように必要な対策を立てなければならないとしています（22条）。さらに、下請契約が締結された場合には、元請業者（元方事業者）は、下請業者（関係請負人やその労働者）に対して、労働安全衛生法や関係法令に違反することがないように指導しなければならないとしています（29条）。

● 労働者への安全衛生教育

労働安全衛生法では、安全衛生に対する労働者の意識向上を図り、事業者が労働者の生命や健康を守るため、安全衛生教育を行わなければならないことを定めています。

たとえば、事業者は、新たに労働者を雇い入れた場合や、労働者の作業内容を変更した場合、対象の労働者に対して安全衛生についての教育を行うことが義務付けられています（59条）。

また、現場で労働者を指導監督する者（職長など）に対しては、労働者の配置や労働者に対する指導の方法などについて、安全衛生の観点からの教育（職長教育）をしなければなりません（60条）。

● 労働者の健康保持のための措置

労働安全衛生法は、労働者の健康を守るために、いくつかの検査を行うことを事業者に義務付けています。

まず、人間にとって有害な物質を扱う作業場などでは、作業環境測定を行わなければなりません（65条）。作業環境測定とは、空気がどれだけ汚れているかなど、作業を行う環境について分析をすることをいいます。有害な物質などを扱っている作業場においては、労働者の

健康が害される可能性が高いので、作業環境測定を行うことが義務付けられています。

　また、事業者は、労働者に対して定期的に健康診断を実施しなければなりません（66条）。そして、健康診断を実施した後には、診断結果に対する事後措置について医師や歯科医師の意見を聴くことも義務付けられています（66条の4）。

　このような検査を経て、労働者の健康が害されるおそれがあると判明した場合には、事業者は何らかの対策を講じることになります。たとえば、作業環境測定により作業場が有害物質で汚染されて労働者に悪影響が生じる可能性がある場合には、新たな設備を導入することで有害物質の除去を図ることになります（65条の2）。

　一方、健康診断により、労働者の健康状態が悪化していることが判明した場合には、労働時間の短縮や作業内容の変更といったことを検討する必要があります（66条の5）。いずれにしても、検査によって判明した問題に対して適切な措置を講じることが重要になります。

■ 労働安全衛生法の全体像 ・・・・・・・・・・・・・・・・・・・・・・・・・・・・・・・・・・・・・・・

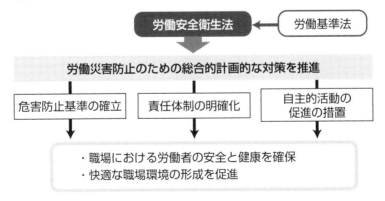

● 快適な職場環境を形成するために

　事業者は、労働者が快適に労務に従事できるよう、職場環境を整える努力義務が課されています（71条の２）。

　具体的には、厚生労働省が公表する「事業者が講ずべき快適な職場環境の形成のための措置に関する指針」を参考にします。この指針では、労働環境を整えるために空気環境、温熱条件、視環境、音環境を適切な状態にすることが望ましいとされています。また、労働者に過度な負荷のかかる方法での作業は避け、疲労の効果的な回復のため休憩所を設置することも重要です。

　さらに、労働者が事業場で災害に遭うことを防ぐため、厚生労働大臣には「労働災害防止計画」の策定が義務付けられています（6条）。労働災害防止計画を策定するにあたり、厚生労働大臣は、必要があれば労働政策審議会の意見を聴きます（7条）。その上で、社会情勢による労働災害の変化を反映させ、労働災害防止対策に関する事項その他労働災害の防止に関する事項を定めます。

■ 快適な職場づくり …………………………………………………

作業環境の管理
空気の清浄化、温度・湿度・臭気・騒音等の管理、作業時間の管理など

疲労回復支援施設
休憩室・相談室・運動施設・シャワー設備など

作業方法の改善
不良姿勢作業、緊張作業、高温作業、難解な機械操作などの改善

職場生活支援施設
更衣室・食堂・給湯設備・洗面施設など

⑥ 労働安全衛生法に違反するとどうなるのか

違反行為者やその所属する法人が処罰される場合がある

◉ どんな罰則があるのか

労働安全衛生法第12章には罰則規定があり、労働安全衛生法違反の内容に応じて、違反行為者を以下の刑罰に処することにしています。さらに、③～⑥の違反行為者が事業者の代表者または従業者（労働者）である場合は、事業者（会社）も各々の犯罪の罰金刑に処せられます（122条）。これを**両罰規定**といいます。

① **7年以下の懲役（115条の3第1項）**

特定業務（製造時等検査、性能検査、個別検定、型式検定の業務）を行っている特定機関（登録製造時等検査機関、登録性能検査機関、登録個別検定機関、登録型式検定機関）の役員・職員が、職務に関して賄賂の収受、要求、約束を行い、これによって不正の行為をし、または相当の行為をしなかったとき

② **5年以下の懲役（115条の3第1・2・3項）**

・特定業務に従事する特定機関の役員・職員が、職務に関して賄賂の収受、要求、約束をしたとき

・特定機関の役員・職員になろうとする者や、過去に役員・職員であった者が、一定の要件の下で、賄賂の収受、要求、約束をしたとき

③ **3年以下の懲役または300万円以下の罰金（116条）**

黄りんマッチ、ベンジジン等、労働者に重度の健康障害を生ずる物を製造、輸入、譲渡、提供、使用したとき

④ **1年以下の懲役または100万円以下の罰金（117条）**

・ボイラー、クレーンなどの特定機械等を製造するにあたって許可を受けていないとき

・小型ボイラーなどの機械を製造・輸入するにあたって個別検定や型式検定を受けていないとき
・ジクロルベンジジン等、労働者に重度の健康障害を生ずるおそれのある物を製造許可を受けずに製造したとき

⑤　6か月以下の懲役または50万円以下の罰金（119条）

・労働災害を防止するための管理を必要とする作業で、定められた技能講習を受けた作業主任者を選任しなかったとき
・危険防止や健康障害防止等に必要な措置を講じなかったとき
・危険または有害な業務に労働者をつかせるとき、安全または衛生のための特別の教育を行わなかったとき・事業場の違反行為を監督機関（労働基準監督署など）に申告した労働者に対して不利益な取扱い（解雇など）をしたとき

⑥　50万円以下の罰金（120条）

・安全管理者、衛生管理者、産業医などを選任しなかったとき
・労働基準監督署長等から求められた報告をせず、または出頭を命ぜられたのに出頭をしなかったとき
・定期健康診断、特殊健康診断を行わなかったとき

■ 違反した場合の罰則 ……………………………………………

罰則	3年以下の懲役か300万円以下の罰金	重度の健康障害が生じる化学物質の製造　など
	1年以下の懲役か100万円以下の罰金	・特定機械等の製造許可を受けていない場合 ・許可を受けずに化学物質を製造した場合　など
	6か月以下の懲役か50万円以下の罰金	・特別教育を実施しなかった場合 ・危険や健康障害を防止する措置を講じなかった場合　など
	50万円以下の罰金	・安全管理者などを選任しなかった場合 ・健康診断を実施しなかった場合　など

第2章

建設工事と
請負・下請契約

1 請負契約について知っておこう

仕事の完成が目的かどうかがポイント

● 直接指示をすることができない

請負契約とは、平たく言うと「他人に仕事をしてもらう」契約です。つまり、他人の労務を利用して仕事を完成させ、その対価として報酬を与える契約です。請負は、工事などの業務（仕事）を請け負うことから、業務請負と呼ばれることもあり、契約書の表題も「工事請負契約書」「業務請負契約書」とされることがあります。それでは、請負契約とは、どのような要件を備えている契約なのでしょうか。

第1に、注文者が作業従事者（請負人の雇用する労働者）に対し、直接指揮命令をしない、ということがあります。作業従事者の個別の作業に口出しをしたくても、注文者は直接指示ができません。作業従事者としては、請負人の責任者の指揮命令の下で、注文者の意に沿った仕事をすることになります。この点が、直接指揮命令をすることができる「派遣」や「在籍出向」と大きく違う点です。

第2に、請負は「仕事の完成」が契約の目的となります。ここが「業務委託」との違いです。業務委託とは、注文者（委託者）が法律行為（売買や賃貸など）以外の一定の事務や手続の処理（これを事実行為といいます）を委託することで、仕事の完成を目的としていません。

請負の場合は、請負人の管理下で仕事（業務）が行われることを原則としています。これは、注文者から仕事を請け負うと、請負人が自社または工事現場などで、作業従事者に仕事を行わせることを意味します。そして、仕事の「結果」としての完成品を、注文者に引き渡すわけです。

そのため、仕事のプロセスよりも完成品という「結果」が重要にな

り、請負人は仕事について結果責任を負うことになります。つまり、請負契約とは、注文者が請負人に対し工事などの業務（仕事）を完成させるように依頼し、注文者は作業従事者に直接指示をせず、完成品が出来上がるまで請負人に任せる契約だといえます。

● 請負とみなされるには

請負とみなされるための要件は、37号告示とも呼ばれる「労働者派遣事業と請負により行われる事業との区分に関する基準を定める告示」（昭和61年労働省告示第37号）で示されており、大きく分けて「労務管理の独立性」と「事業経営上の独立性」の２つがあります。

労務管理の独立性とは、請負人の労働者に対する、作業の指示や管理、労働時間の指示や管理、服務規律や配置に関する指示や決定、業務遂行の評価などを、請負人自身が行う必要があることです。

事業経営上の独立性とは、①自己責任で資金の調達、支払いを自ら行うこと、②民法、商法その他の法律上の事業主としての責任を自ら遂行すること、③単なる肉体的な労働力の提供ではなく、機械、設備、機材などの自己調達による業務処理または企画、技術、経験上の自己独立遂行性があること、の３点です。請負とみなされるためには、これらの要件すべてに該当しなければなりません。

■ 請負契約のしくみ ･･･

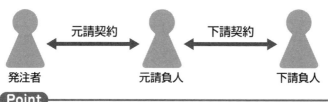

● 下請契約とは

下請契約は、建設業法2条4項で「建設工事を他の者から請け負った建設業を営む者と、他の建設業を営む者との間で当該建設工事の全部又は一部について締結される請負契約をいう」と定めています。下請契約において、建設工事を他の者から請け負った建設業を営む者を元請負人、他の建設業を営む者を下請負人といいます。

最初に発注者から工事を請け負う者は、元請負人として発注者との間で請負契約を交わします。これを元請契約と呼んでいます。その後、元請負人が注文者として、一部の工事を下請に出す場合に、一次下請負人との間で交わす請負契約が下請契約です。また、一次下請負人が元請負人として二次下請負人との間で交わすのも下請契約です。つまり、下請契約とは建設業を営む者同士の請負契約を指します。また、元請負人・下請負人いずれの場合も、一定の工事請負金額を超える場合（38ページ）、建設業法上の許可を受けなければなりません。

● 下請や一人親方を使うときの注意点

下請契約をする場合は、請け負った工事の全部を下請にさせることはできません（一括下請負の禁止）。いわゆる丸投げの禁止です。ただし、発注者が書面で承諾した場合は、公共工事などを除いて、一括下請負が例外的に認められます。また、工事金額についても注意が必要です。たとえば、1件の請負代金が500万円以上の建築一式工事以外の工事を行う場合、建設業法上の許可がなければ工事を請け負うことができないため、一人親方への発注が難しいケースも生じます。

なお、大工や佐官などの一人親方を使用する場合、労災の扱いについてあらかじめ確認しておくことが必要です。一人親方は通常の労災保険に加入できず、個人事業主などを対象とした労災の特別加入制度を利用することになります。そのため、一人親方と下請契約をする場合は、労災への加入の確認をする必要があります。

2 建設工事や建設業について知っておこう

建設工事に該当する業務は幅広い

● どのような業務が建設工事に該当するのか

「建設工事」というと、一般的には建物を建設する工事全般を指す漠然とした言葉であると認識されていますが、建設業法2条1項では「土木建築に関する工事で別表第1の上欄に掲げるもの」と規定しています。別表第1の上欄には「土木工事一式」「建築工事一式」「大工工事」「左官工事」といったものの他、「ガラス工事」「造園工事」「清掃施設工事」「解体工事」など、一見すると建設工事かどうかわかりにくいものまで、29種類の工種が掲げられており、その具体的な内容は国土交通省通知のガイドラインなどで示されています。

契約の仕方も様々ですが、クレーン車のリースや、コンクリート打設などの業務は、単価契約という形態をとることがあります。このような契約でも、それが建設工事の完成を目的として行われるのであれば、建設工事の請負契約として取り扱う必要があります。

また、同一工事の中で複数回にわたって同様の単価契約が締結される場合は、すべての請負金額を合算して「軽微な建設工事」（建設業の許可が不要となる建設工事）に該当するか否かを判断します。

なお、機材のリースや保守点検契約も、オペレーター（運転者・操作者）がついている場合や、設備の機能向上・回復を行う場合は、建設工事の完成を目的とした行為と判断され、建設工事に含まれます。

● 一般建設業者・特定建設業者とは

建設業の許可は下請契約の金額などにより、**特定建設業許可**と**一般建設業許可**に区分されます。一般建設業許可は、軽微な建設工事以外

の建設工事を請け負う場合に取得すべき許可で、これを取得した業者を一般建設業者といいます。一方、特定建設業許可を取得すると、特定建設業者として、軽微な建設工事以外の建設工事の他、発注者から直接工事を請け負った工事について、総額4000万円以上（建築一式工事は6000万円以上）の下請契約を締結することができます。

たとえば、発注者から2億円の建設工事を請け負ったA社が、B社と1億円の下請契約を締結したとします。この場合、A社は特定建設業許可を取得しているべきですが、B社は発注者から直接工事を請け負っていないため、一般建設業許可を取得していれば足ります。

● 特定建設業者にはどんな規制があるのか

特定建設業者は下請への発注金額の制限がなくなる代わりに、下請業者に対する指揮監督及び下請保護のための特別な規制が及びます。

① 特定建設業許可の基準
・営業所ごとに専任の技術者を置く。
・請負契約を履行するに足りる財産的基礎を備える。

② 下請代金の支払いの制限
・発注者から支払いを受けた日から30日以内または下請負人からの引渡申出日から50日以内のどちらか早い期日内に下請代金を支払う。
・割引困難な手形による支払いの禁止。

③ 発注者から直接建設工事を請け負った特定建設業者の制限
・下請負人への法令順守の指導、違反が是正されない時の監督官庁への通知（通報）。
・施工体制台帳及び施工体系図の作成など。
・主任技術者及び監理技術者の設置（特に公共性のある重要な建設工事に設置される監理技術者や主任技術者は、工事現場ごとに、専任の者でなければならない）。
・下請負人の従業員への賃金及び第三者への損害賠償の立替払い。

3 一括下請負の禁止について知っておこう

発注者の信頼を裏切り、業界の健全な発展を阻害する

● 一括下請負の禁止とは

　建設業法では、請け負った建設工事を、いかなる方法をもってするかを問わず、一括して他人に請け負わせてはならないと規定しています。一括下請負が行われると、発注者の受注者への信用を意味のないものにするおそれが生じるからです。建設工事の発注者が受注者となる建設業者を選定する場合は、様々な角度から当該建設業者を評価します。それにもかかわらず、受注した建設工事を一括して他人（下請業者）に請け負わせると、発注者の評価とは関係のない業者が工事を実施することになり、発注者の信頼を裏切ることになります。

　一括下請負に該当するのは、①請け負った建設工事の全部またはその主たる部分を、一括して他の業者に請け負わせる場合、または、②請け負った建設工事の一部分であって、他の部分から独立してその機能を発揮する工作物の工事を、一括して他の業者に請け負わせる場合です。ただし、これらの場合に該当しても、元請負人がその下請工事の施工に「実質的に関与」していると認められるときは、一括下請負に該当しないとされています。

● 「実質的に関与」とはどんな場合か

　一般的に、元請負人が自ら施工計画の作成、工程管理、品質管理、安全管理、技術的指導などを行っていれば、下請工事の施工に「実質的に関与」しているものと認められ、一括下請負の禁止に違反しないと判断されます。しかし、単に現場に技術者（現場に置くことが義務付けられている建設工事の施工上の管理をつかさどる監理技術者また

は主任技術者）を置いているだけでは、「実質的に関与」しているとはいえません。また、現場に元請負人との間に直接的かつ恒常的な雇用関係を有する適格な技術者を置かない場合も、「実質的に関与」しているとはいえないことに注意を要します。

◎ 一括下請負の禁止にも例外がある

一括下請負は禁止とされていますが、一括下請負が許されている場合もあります。「公共工事の入札及び契約の適正化の促進に関する法律」の適用対象となる公共工事は例外なく禁止ですが、民間工事については許されている場合があります。

具体的には、一括下請負を行う前に、発注者から書面による承諾を得た場合です（その場合でも、共同住宅の新築工事については禁止です）。元請人は発注者から承諾を得ていれば一括下請負ができます。

この場合の発注者とは、建設工事の最初の注文者です。下請負人が請け負った工事について一括して再下請負で行う場合も、発注者の書面による承諾を受けなければなりません。

■ 一括下請負の禁止 ……………………………………………

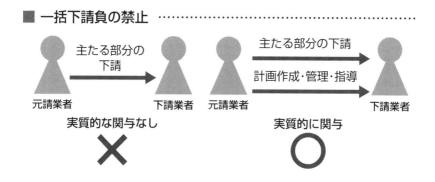

元請業者　主たる部分の下請　→　下請業者　　実質的な関与なし　✕

元請業者　主たる部分の下請／計画作成・管理・指導　→　下請業者　　実質的に関与　〇

建設業には下請法の適用がない

独占禁止法と建設業法が適用される

● どんな法律が適用されるのか

　建設業者が建設工事に関する下請契約（下請負）を行っても、下請法（下請代金支払遅延等防止法）は適用されません。建設業者が建設工事に関する下請契約を行った場合には、建設業法と独占禁止法が適用されます。建設工事に関する下請契約については、建設業法で細かく規制されているからです。

　なお、建設業法においては、下請契約とは、「建設工事を他の者から請け負った建設業を営む者と、他の建設業を営む者との間で当該建設工事の全部または一部について締結される請負契約をいう」と定義されています（36ページ）。

　たとえば、建設工事に関する下請契約に関して建設業者が建設業法に違反する行為をし、それが独占禁止法で禁止する不公正な取引方法に該当する場合、国土交通大臣や都道府県知事は、公正取引委員会に対して必要な措置を講じるよう求めることができます。この要求を受けた公正取引委員会は、不公正な取引方法に該当する行為をした建設業者に対し、違反行為の差止めなどを命令します。

　以上に対し、建設業者であっても、建設工事に関するものを除いた下請契約を行った場合には、建設業法が適用されないので、下請法と独占禁止法が適用されます。たとえば、建設業者が請け負った建築物の設計や内装設計、または工事図面の作成を他の事業者（建築設計事務所など）に委託する場合には、建設工事に関する下請契約ではないため、下請法と独占禁止法が適用されます。

下請契約や一人親方を使うときの注意点

　下請契約をする場合には、原則として、自らが請け負った工事のすべてを下請業者に行わせること（丸投げ）は禁止されています（一括下請負の禁止、39ページ）。

　また、工事金額についても注意が必要です。たとえば、１件の請負代金が500万円以上の建築一式工事以外の工事を行う場合、一人親方であっても、建設業法上の許可（建設業の許可）がなければ工事を請け負うことができません。そのため、許可を持っていない一人親方に工事を発注することが難しいケースも生じます。

建設業法に違反するとどうなるのか

　13ページでも述べましたが、建設業者が建設業法及び他の法令に違反する行為（不正行為等）をした場合、監督官庁により監督処分が行われます。監督処分とは、違反業者の是正を行い、または不適格者を排除することを目的として、直接に法の遵守を図る行政処分です。建設業者などに対する建設業法上の監督処分には、①指示処分、②営業停止処分、③許可取消処分、④営業禁止処分の４種類があります。

　指示処分とは、監督官庁が建設業者に不正行為等を是正するためにすべき事項を命ずる処分です。営業停止処分とは、１年以内の営業停止期間を定めて、建設業者に対し、請負契約の締結・入札・見積りなどと、これらに付随する行為の停止を命ずる処分です。許可取消処分とは、建設業者に付与していた建設業の許可を取り消す処分です。営業禁止処分とは、建設業者に営業停止処分や許可取消処分をするのと同時に、当該建設業者の役員などに対して、一定期間処分を受けた範囲の営業を新たに開始することを禁止する処分です。

指名停止措置や公正取引委員会の処分

　建設業法上以外の処分として指名停止措置があります。これは発注

者が、競争入札参加資格登録をしている業者を、契約の相手方として不適当であると判断し、一定の期間、競争入札に参加させないとする措置です。不適当な相手方であるかどうかは、発注者が独自に要領や運用基準を定めて、それに従って判断します。建設業法違反をした建設業者が不適当な相手方に含まれる場合もあります。

　また、①不当に低い請負代金の禁止、②不当な使用資材等の購入強制の禁止、③下請代金の支払、④検査及び引渡し、⑤特定建設業者の手形による下請代金の支払期日等に関する建設業法の規定に違反する場合、建設業者は、独占禁止法上の措置を受けることがあります。

● 下請取引に関する不公正な取引方法の認定基準がある

　公正取引委員会は、建設業の元請負人の行為が不公正な取引方法であると認定するための基準を規定しています（次ページの図の①～⑩参照）。

■ 下請契約について　‥‥‥‥‥‥‥‥‥‥‥‥‥‥‥‥‥‥‥‥‥‥‥

下請契約とは建設業を営む者同士の請負契約

請け負った工事のすべてを下請にさせること（丸投げ）は禁止

建設業法に違反した場合

監督省庁による監督処分を受ける

建設業者などに対する建設業法上の監督処分
① 指示処分（是正事項を命ずる）
② 営業停止処分（１年以内で営業を停止させる）
③ 許可取消処分（建設業の許可を取り消す）
④ 営業禁止処分（役員などの営業開始を禁ずる）

■ 下請取引に関する不公正な取引方法の認定基準 ⋯⋯⋯⋯⋯⋯

① 下請負人が工事の完了の通知をしたのに、正当な理由なしに、通知の日から起算して20日以内に検査を完了しないこと。

② ①の検査によって建設工事の完成を確認した後、下請負人の申し出があったのに、正当な理由なしに直ちに当該建設工事の目的物の引渡しを受けないこと。

③ 注文者から請負代金の支払いを受けたときに、正当な理由なしに注文者から支払を受けた日から起算して1か月以内に、下請負人に下請代金を支払わないこと。

④ 特定建設業者（規模の大きな工事を下請負人に発注できる建設業者）が注文者となった下請契約における下請代金を、②の目的物の引渡しの申し出の日から起算して50日以内に支払わないこと。

⑤ 特定建設業者が注文者となった下請契約に係る下請代金の支払につき、②の目的物の引渡しの申し出の日から起算して50日以内に、一般の金融機関による割引を受けることが困難な手形を交付し、下請負人の利益を不当に害すること。

⑥ 自己の取引上の地位を利用して、通常必要と認められる原価に満たない金額を請負代金の額とする下請契約を締結すること。

⑦ 下請契約の締結後、正当な理由がないのに、下請代金の額を減額すること。

⑧ 下請契約の締結後、自己の取引上の地位を不当に利用して、建設工事に使用する資材や機械器具またはそれらの購入先を指定し、これを下請負人に購入させ、下請負人の利益を害すること。

⑨ 建設工事に必要な資材を自己から購入させた場合に、正当な理由がないのに、下請代金の支払期日より早い時期に当該資材の対価を支払わせ、下請負人の利益を不当に害すること。

⑩ 元請負人が①から⑨までに掲げる行為をした場合に、下請負人がその事実を公正取引委員会などに知らせたことを理由として、下請負人に対し不利益な取扱いをすること。

建設業法令遵守ガイドラインにはどんなことが規定されているのか

請負代金を不当に低くしてはいけない

● ガイドラインには12項目の規定がある

　建設業法令遵守ガイドラインには、12項目が規定されています。規定されている内容について見ていきましょう。

①　見積条件の提示等

　元請負人が下請負人に見積りを依頼する場合には、工事の名称、施工場所、設計図書、下請工事の責任施工範囲、下請工事の工程、施工環境などの事項を、工事内容として下請負人に提示する必要があります。また、地盤沈下、騒音、振動など工期や代金額に影響を及ぼす事象については、必要な情報提供をしなければなりません。

②　書面による契約締結

　建設工事の請負契約を締結する当事者は、契約の内容を記載した書面を作成する必要があります。後の紛争発生を防ぐため、契約書面は工事の着工前に作成しなければなりません。なお、書面に代えて電子契約によることも可能です。

　この書面には、工事内容、請負代金の額、工事着工の時期・工事完成の時期、請負代金の支払方法、工事の施工により第三者に損害を与えた場合の賠償金の負担、工事完成後の検査の時期などについて記載する必要があります。

③　工期

　通常必要と認められる期間に比べて著しく短い工期とすることは建設業法に違反します。契約締結後、著しく短い工期に契約を変更する場合も同様です。下請負人の責めに帰すべき理由がないにもかかわらず、工期が変更になって、これに起因する下請工事の費用が増加した

場合は、元請負人が費用を負担することが必要です。

④　**不当に低い請負代金**

　元請負人は、自らの地位を不当に利用して、建設工事の施工に通常必要な原価に満たない程の金額で、下請負人と請負契約を締結することは、不当に低い請負代金を禁ずる建設業法に違反します。「通常必要な原価」とは、当該工事の施工地域において、当該工事を行う際に一般的に必要と認められる直接工事費、間接工事費（現場管理費など）、一般管理費（給料など）を合計した価格を指します。また、「自らの地位を不当に利用」とは、元請負人が下請負人よりも優位な地位にあることを利用することをいいます。

⑤　**指値発注**

　指値発注とは、元請負人が下請負人と十分な協議をせず、元請負人が指定する価格で下請負人に対して請負工事を受注するよう強いることです。指値発注は、元請負人の立場が強く、下請負人が元請負人の指定する金額に対して反論できない場合に問題になります。元請負人の指定する金額が、工事に通常必要な原価に満たない場合には、建設業法違反となる可能性があります。また、指値発注をする際に、下請負人に十分な見積期間を与えなければ、建設業法に違反する可能性があります。

⑥　**不当な使用資材等の購入強制**

　建設工事を行う際に、下請負人が元請負人から、建設工事に必要な資材や機械器具などを購入するケースがあります。下請負人が自発的に元請負人から購入する場合は別として、元請負人が下請負人に対して資材や機械器具などの購入を強制することは、建設業法が禁止する不当な使用資材等の購入強制に該当します。ただし、購入先の指定は、請負契約の締結前に行われるのであれば、不当な使用資材等の購入強制に該当しません。

⑦　**やり直し工事**

　下請負人の責に帰すべき理由がないにもかかわらず、元請負人が下

請負人に対して工事のやり直しを命じることは、原則として禁止されています。元請負人が、下請負人の責に帰すべき理由がないにもかかわらず工事のやり直しを求める場合には、元請負人と下請負人との間で十分に協議をすることが必要です。また、下請負人の責に帰すべき理由がなければ、やり直し工事の費用は元請負人が負担しなければなりません。逆に、下請負人の責に帰すべき理由があれば、下請負人が費用を負担してやり直し工事を行います。

⑧　赤伝処理

　赤伝処理とは、元請負人が下請負人に対して下請代金を支払う際に、振込手数料や建設廃棄物の処理費用などの諸費用を下請代金から差し引くことです。赤伝処理は、直ちに建設業法に違反するものではありません。しかし、赤伝処理をすることについて元請負人と下請負人の間で合意をしていない場合や、赤伝処理の内容を契約書の中で明示していない場合には、建設業法に違反する可能性があります。

⑨　下請代金の支払

　下請負人が工事を完成し、目的物を元請負人に引き渡したにもかかわらず、元請負人が長期間に渡って下請代金を支払わないことは、建設業法に違反する可能性があります。また、下請代金の支払手段はできる限り現金払いとし、少なくとも労務費相当分は現金払いとするよう配慮しなければなりません。

⑩　長期手形

　元請負人が下請負人に対して、割引が困難な手形を用いて下請代金の支払いをすることは、建設業法に違反します。

　たとえば、振出日から支払期日までの期間が120日以上を超えている長期手形は、割引困難な手形とされる可能性があります。

⑪　不利益取扱いの禁止

　下請負人が元請負人の建設業法違反行為を監督行政庁に通報したことを理由に不利益な取扱いをすることは禁止されます。

⑫　帳簿の備付け・保存及び営業に関する図書の保存

　建設業者は、営業所ごとに営業に関する帳簿を備え、5年間保存する必要があります。帳簿には、営業所の代表者の名前、請負契約・下請契約の内容などを記載し、契約書の写しなどを添付します。発注者から直接建設工事を請け負った場合は、営業所ごとに営業に関する図書を10年間保存することも必要です。

■ 建設業法令遵守ガイドラインのまとめ ·····························

① 見積条件の提示等　元請負人は、下請負人に見積もりを依頼する場合には、工事の内容や契約条件を具体的に示さなければならない

② 書面による契約締結　契約当事者が契約の内容を記載した書面を作成

③ 工　期　適正な工期を確保するとともに、下請負人の責に帰すべき理由がないにもかかわらず、工期の変更に起因する下請工事の費用が増加した場合は、元請負人が費用を負担する必要がある

④ 不当に低い請負代金　不当に低い請負代金による請負契約締結の禁止

⑤ 指値発注　元請負人が下請負人と十分な協議をせず、元請負人が指定する価格で下請負人に対して請負工事を受注するよう強いること

⑥ 不当な使用資材等の購入強制　元請負人が下請負人に対して資材や機械器具などの購入を強制すること

⑦ やり直し工事　下請負人の責に帰すべき理由がないにもかかわらず、元請負人が下請負人に対して工事のやり直しを命じること

⑧ 赤伝処理　元請負人が下請代金を支払う際に、振込手数料や建設廃棄物の処理費用などの諸費用を下請代金から差し引くこと

⑨ 下請代金の支払い　下請負人が工事を完成し、目的物を元請負人に引き渡したにもかかわらず、元請負人が長期間に渡って下請代金を支払わないこと

⑩ 長期手形　元請負人が下請負人に対して、割引が困難な手形を用いて下請代金の支払いをすること

⑪ 不利益取扱いの禁止　下請負人が元請負人の建設業法違反行為を監督行政庁に通報したことを理由に不利益な取扱いをすることは禁止される

⑫ 帳簿の備付け・保存及び営業に関する図書の保存　営業所ごとに、営業に関する帳簿を備えて保存し、営業に関する図書を保存する

6 建設工事請負契約書作成上の注意点について知っておこう

請負契約書は注意点を理解して作成する

◯ 契約締結は２パターンある

建設工事の請負契約は、２つの方式のいずれかで締結されることになります。建設工事の請負契約の２つの方式とは、以下の２つのパターンです。

① 「建設工事請負基本契約（もしくは建設工事請負基本約款）」と「注文書」「請書」の組み合わせで契約を締結

建設工事の請負契約にかかる基本的事項を「建設工事請負基本契約」に定め、個々の建設工事の注文については、「注文書」と「請書」で個別契約を締結するという形式になります。この場合の「建設工事請負基本契約」は「建設工事請負基本約款」を用いることもあります。

契約の中核となる内容を「建設工事請負基本契約（もしくは建設工事請負基本約款）」に定めて、「注文書」と「請書」には簡素な内容を記入するだけで個別契約が成立するので、継続的に発注が行われる関係の場合によく用いられます。

② 「建設工事請負契約」で契約を締結

建設工事の請負契約を締結する必要が生じるたびに、詳細な契約書を作成して契約を締結する方法です。一回だけの契約を行う場合によく用いられます。

なお、これら①や②の契約は契約は下請工事の着工前に書面により行うことが必要です。

また、建設工事の請負契約の当事者は、たとえ下請負人であっても対等な立場で契約すべきとされています。

● 契約締結にあたっての見積りには注意する

前述の建設業法令遵守ガイドラインでも若干触れましたが、見積りについては、以下のような場合には、建設業法20条4項違反となるおそれがありますので注意を要します。

① 元請負人が不明確な工事内容や契約条件など曖昧な見積条件の提示によって、下請負人に見積りを行わせた場合

② 下請負人から見積条件の質問を受けた際、元請負人が未回答あるいは曖昧な回答をした場合

③ たとえば、予定価格が1000万円の下請契約を締結する場合、元請負人が見積期間を5日として下請負人に見積りを行わせた場合

見積条件を提示する際は、工事内容、工事着手や工事完成の時期などを明確に提示するとともに、見積書の作成期間（見積期間）を確保しなければなりません。見積期間は以下のように定められています。

ア　工事1件の予定価格が500万円に満たない工事は1日以上

イ　工事1件の予定価格が500万円以上5000万円に満たない工事は10日以上

ウ　工事1件の予定価格が5000万円以上の工事は15日以上

前述の基準によれば、③の1000万円は「イ」に該当し、10日以上の見積期間を与えなければなりませんので、5日間というのは建設業法違反です。なお、ここで示されている日数は最短期間であり、見積条件提示日と見積書提出日を含まない「中○日以上」を意味します。たとえば、7月1日が見積条件提示日である場合、見積書提出日まで中1日以上とすると7月3日以降を指します。

また、予定価格が「イ」「ウ」の工事については、やむを得ない事情があるときに限り、見積期間をそれぞれ5日以内に限って短縮することができます（建設業法施行令6条1項）。

● 請負契約書にはどんなことを記載するのか

契約書面には建設業法で定める事項を記載することが必要です。契約書面に記載しなければならないのは、以下の①〜⑯の事項です。特に「①工事内容」については、下請負人の責任施工範囲、施工条件等が具体的に記載されている必要があるので、「○○工事一式」といった曖昧な記載は避けるべきです。①工事内容については、少なくとも次の@〜hの8項目について記載する必要があります。

① 工事内容

@工事名称、b施工場所、c設計図書（数量等を含む）、d下請工事の責任施工範囲、e下請工事の工程及び下請工事を含む工事の全体工程、f見積条件及び施工種の関係部位、特殊部分に関する事項、g施工環境、施工制約に関する事項、h材料費、産業廃棄物処理等に係る元請下請間の費用負担区分に関する事項

---

② 請負代金の額
③ 工事着手の時期及び工事完成の時期
④ 工事を施行しない日または時間帯の定めをするときは、その内容
⑤ 請負代金の全部または一部の前金払または出来形部分に対する支払の定めをするときは、その支払の時期及び方法
⑥ 当事者の一方から設計変更または工事着手の延期若しくは工事の全部若しくは一部の中止の申し出があった場合における工期の変更、請負代金の額の変更または損害の負担及びそれらの額の算定方法に関する定め
⑦ 天災その他不可抗力による工期の変更または損害の負担及びその額の算定方法に関する定め
⑧ 価格等（物価統制令2条に規定する価格等をいう）の変動若しくは変更に基づく請負代金の額または工事内容の変更

⑨　工事の施工により第三者が損害を受けた場合における賠償金の負担に関する定め

⑩　注文者が工事に使用する資材を提供し、または建設機械その他の機械を貸与するときは、その内容及び方法に関する定め

⑪　注文者が工事の全部または一部の完成を確認するための検査の時期及び方法並びに引渡しの時期

⑫　工事完成後における請負代金の支払の時期及び方法

⑬　工事の目的物が種類または品質に関して契約の内容に適合しない場合におけるその不適合を担保すべき責任または当該責任の履行に関して講ずべき保証保険契約の締結その他の措置に関する定めをするときは、その内容

⑭　各当事者の履行の遅滞その他債務の不履行の場合における遅延利息、違約金その他の損害金

⑮　契約に関する紛争の解決方法

⑯　その他国土交通省令で定める事項

◉ 契約書面を作成して署名または記名押印も必要

　建設工事の請負契約の当事者は、契約書面（建設工事標準下請契約約款またはこれに準拠した契約書）を作成し、これに署名または記名押印をして相互に交付する必要があります。後の紛争発生を防ぐため、契約書面は工事着工前に作成しなければなりません。なお、契約書面に代えて電子契約（電子署名等を付した電子ファイルの作成）によることも可能です（55ページ）。

　請負契約の契約書面には、少なくとも上記①～⑯の事項を記載する必要があります。一定規模以上の解体工事を行う場合は、上記①～⑯の事項に加え、分別解体の方法や解体工事に必要な費用なども書面に記載する必要があります。後述のように、追加工事等で上記①～⑯の事項を変更する場合は、工事着工前に変更内容を記載した書面を作成

し、署名または記名押印をして相互に交付する必要があります。

● 建設工事標準請負契約約款の活用

　建設工事の請負契約の内容に不明確な点があると、後から報酬金額などをめぐってトラブルが生じる可能性があります。このような事態に備えるため、国土交通省は、請負契約で規定すべき事項を建設工事標準請負契約約款（標準約款）として公表しています。

　標準約款には、公共約款、甲約款、乙約款、下請約款の４種類があります。公共約款は公共工事や電力・ガス・鉄道・電気通信等の常時建設工事、甲約款は民間の比較的大きな工事、乙約款は個人住宅など民間の比較的小さな工事、下請約款は下請工事を対象としています。

　標準約款は国土交通省の以下のサイトからダウンロードすることが可能ですので、工事の内容に応じて活用することが重要です。

https://www.mlit.go.jp/totikensangyo/const/1_6_bt_000092.html

● 追加での発注が生じた場合には契約を変更するのか

　追加工事等（追加工事または変更工事）の発生により請負契約の内容（上記①〜⑯の事項のいずれか）を変更するときは、その着工前に変更内容を書面に記載し、署名または記名押印をして相互に交付しなければなりません。ただし、着工前の時点で「追加工事等の全体数量等の工事内容が確定できない」といった事情がある場合、元請負人は、ⓐ下請負人に追加工事等として施工を依頼する工事の具体的な作業内容、ⓑ当該追加工事等が契約変更の対象となること及び契約変更を行う時期、ⓒ追加工事等についての契約単価の額、を記載した書面を作成し、着工前に下請負人と取り交わします。この場合、追加工事等の内容が確定した時点で、遅滞なく契約変更等の手続を行う必要があります。そして、元請負人が合理的な理由がないのに、追加工事等に関する契約変更を行わない場合や、追加工事等の費用を下請負人に負担

させることは、建設業法19条2項、19条の3に違反します。

● 下請企業や孫請企業との契約ではどんなことに気をつけるのか

下請業者等との契約締結に際しては、建設業法や建設業法令遵守ガイドラインに従うことが必要です。その他、労働基準法や労働安全衛生法などの労働関係法令、独占禁止法や下請法などの各種法令にも注意が必要です。たとえば、偽装請負を理由に処罰された場合、建設業許可が取り消され、5年間は建設業許可を受けられなくなります。

また、製造業者の工場を建設する場合、製造ラインや工作機械の配置など企業の重要な秘密に触れることがあります。オフィスビルの内装工事であっても、防犯上の重要な情報に触れることがあります。

このような場合、元請業者としては、情報管理を徹底するため、下請業者の使用はできる限り控えるべきです。やむを得ず下請業者に工事を依頼する場合は、下請業者との間で締結する下請契約の中に、秘密保持義務を定めた条項を必ず規定しておく必要があります。

● 印紙税を貼付する

印紙税は文書にかかる税金です。どのような文書が課税の対象になるかは「印紙税法別表第一」（課税物件表）に示されています。課税物件によって分けられており、全部で20種類あります。印紙税法上、印紙税が課税される文書を課税文書といいます。そして、請負に関する契約書（請負契約書）は「第2号文書」として課税文書に該当します。

印紙税は収入印紙を貼付する方法で納付します。請負契約書（第2号文書）の場合、貼付する印紙の額面（印紙税額）は、請負契約書に記載された契約金額によって異なります。

なお、請負契約書のうち「建設業法第2条第1項に規定する建設工事の請負に係る契約に基づき作成されるもの」については、印紙税の課税に関する不公平感がなくなるよう、2024年（令和6年）3月31日

までに作成されたものについて印紙税額の軽減措置が定められています。具体的には、以下の工事をいいます（建築物の設計や建設機械などに関する契約書は軽減措置の対象となりません）。

> 土木一式工事、建築一式工事、大工工事、左官工事、とび・土工・コンクリート工事、石工事、屋根工事、電気工事、管工事、タイル・れんが・ブロック工事、鋼構造物工事、鉄筋工事、舗装工事、しゅんせつ工事、板金工事、ガラス工事、塗装工事、防水工事、内装仕上工事、機械器具設置工事、熱絶縁工事、電気通信工事、造園工事、さく井工事、建具工事、水道施設工事、消防施設工事、清掃施設工事、解体工事

　なお、課税文書に収入印紙を貼っていない場合、印紙税法上は脱税として過怠税が課されます。過怠税の額は、納付しなかった印紙税の額とその2倍に相当する金額との合計額、つまり当初に納付すべき印紙税の額の3倍です（調査を受ける前に、自主的に不納付を申し出たときは1.1倍に軽減されます）。

　ただし、収入印紙の貼付（印紙税の納付）を忘れたとしても、その文書や契約書自体が無効になるわけではありません。

● 電子契約なら署名不要

　建設業法19条3項では、建設工事の請負契約を電子契約で締結することができる旨を規定しています。電子契約とは、電子メールなどのやり取りで成立させる契約です。このような電子契約の場合、当然に署名や記名押印が不要になります。

　しかし、建設工事について、電子契約を締結する場合については、建設業法施行規則13条の4に基準が定められており、この基準に適合している必要があります。その基準とは以下のとおりです。

① 契約の相手方が契約の電子ファイルを印刷して書面にすることができること。
② 契約の電子ファイルに記録された契約事項などについて、改変されていないか確認できるようになっていること。
③ 当該契約の相手方が本人であることを確認できるようになっていること。

　現在は、建設工事の請負契約も電子契約で締結することが多くなっているので、この電子契約を締結する際の基準については十分注意しておきましょう。

■ 請負に関する契約書の印紙税額 ………………………………………

記載金額	1通あたりの印紙税額
1万円以上　　　　100万円以下	200円
100万円を超え　200万円以下	400円　（200円）
200万円を超え　300万円以下	1000円　（500円）
300万円を超え　500万円以下	2000円　（1,000円）
500万円を超え　1000万円以下	1万円　（5,000円）
1000万円を超え　5000万円以下	2万円　（1万円）
5000万円を超え　1億円以下	6万円　（3万円）
1億円を超え　　　5億円以下	10万円　（6万円）
5億円を超え　　　10億円以下	20万円　（16万円）
10億円を超え　　50億円以下	40万円　（32万円）
50億円を超えるもの	60万円　（48万円）
契約金額の記載のないもの	200円

※印紙税額は令和4年4月1日現在のもの。平成26年4月1日～令和6年3月31日に作成される建設業法
　第2条第1項に規定する建設工事の請負契約書については軽減措置（上表カッコ内の金額）の対象となる。

第3章

建設法務と関わる
その他の制度

技術者制度について知っておこう

不良施工防止など建設工事の適正確保のために技術者制度がある

● 技術者制度とは

　建設業における製品（住宅・オフィスビル・マンションなど）は、発注者の注文により一品ごとに異なるため、製品の品質を事前に確認できません。また、工事の中途で不良施工や製品自体の欠陥が判明しても、それを完全に修復することが難しく、製品完成後に不良施工や欠陥の有無を確認することは困難だといえます。

　製品の施工の方法についても、下請業者をはじめ多くの関係業者による総合組立生産方式であることや、基本的に現地屋外生産であることから、天候などをふまえた工程管理が必要です。

　一方、社会的に見れば、建設業者は、良質な社会資本を整備する役割を担っています。発注者は、建設業者の施工能力を信頼して発注しています。そのため、適正かつ生産性の高い建設工事の施工を確保することが極めて重要です。

　こうした優良な施工を提供していくためには、建設業者の組織としての技術力と、技術者が個人として有する技術力があいまって、有効に発揮されなければなりません。そこで、不良施工などを排除し、建設工事の適正な施工の確保を図るため、適切な資格や経験などを有する技術者を工事現場に設置することが義務付けられています。技術者の設置により、施工の技術上の管理を適正に行うことにしています。このような技術者制度は、発注者から信頼される建設業者となり、ひいては建設業界の健全な発展のための条件整備にもなっています。

● 営業所に設置する専任技術者とは

　建設業法では、許可を受けて建設業を営もうとするすべての営業所に、一定の資格または経験を有する専任の技術者を置くことを義務付けています（7条2号、15条2号）。建設業の営業（請負契約の見積・入札・締結など）は、通常、各営業所で行われるため、営業所ごとに一定の資格または経験を有する者（専任技術者）を設置することで、請負契約の適正な締結や履行を確保しようとしています。

　営業所の専任技術者については、建設業許可の29の工種（業種）や、一般建設業の許可なのか、それとも特定建設業の許可なのかによって、資格や経験などの要件が以下のように異なります。

① 　一般建設業の許可を受けようとする場合（7条2号）

> ⓐ 　許可を受けようとする工種に関し、指定学科（国土交通省令で定める学科）修了者で、高等学校もしくは中等教育学校卒業後5年以上または大学、短期大学もしくは高等専門学校卒業後3年以上の実務の経験を有する者
>
> ⓑ 　許可を受けようとする工種に関し、10年以上実務の経験を有する者
>
> ⓒ 　国土交通大臣がⓐまたはⓑの者と同等以上の知識および技術または技能を有するものと認定した者（国土交通大臣認定者）

　なお、ⓐの「指定学科」は、建設業法施行規則1条で規定されている学科のことで、許可を受けようとする建設業の工種によって指定されています。

　ⓐⓑの「実務の経験」とは、建設工事の施工に関する技術上のすべての職務経験をいい、単に建設工事の雑務のみを経験した年数は含まれませんが、建設工事の設計技術者として設計に従事し、または現場監督技術者として監督に従事した経験、見習い中の技術的経験なども

含めて取り扱われます。また、実務経験は1工種につき@⑥に記載された年数が必要です。たとえば、⑥の場合、2工種につき実務経験ありとするには、20年（10年＋10年）以上の実務経験が必要です。ただし、実務経験の期間については一定の緩和措置があります。

　ⓒの国土交通大臣認定者のうち「登録基幹技能者」は、登録基幹技能者講習を修了した者のうち、許可を受けようとする建設業の工種に応じ、国土交通大臣が認めるものをいいます（次ページ図）。

② **特定建設業の許可を受けようとする場合（15条2号）**

> ⓐ　許可を受けようとする工種について、一定の国家資格または免許を有する者（1級国家資格者）
> ⓑ　（指定建設業以外の場合は）主任技術者の要件のいずれかに該当する者のうち、請負代金が4500万円（消費税込みの額）以上の元請工事（発注者から直接請け負った工事）に関し、2年以上指導監督的な実務経験を有する者
> ⓒ　国土交通大臣認定者

---

　⑥は指定建設業以外に当てはまる要件で、そこにいう「指導監督的な実務経験」とは、建設工事の設計または施工の全般について、工事現場主任者または工事現場監督者のような立場で工事の技術面を総合的に指導監督した経験をいいます。

　また、営業所の専任技術者は、営業所ごとに「専任」の者を設置することが必要です。したがって、住所またはテレワークを行う場所の所在地が勤務営業所から著しく遠距離で常識上通勤が不可能な者や、他の営業所（他社の営業所を含む）での専任を要する者など、専らその営業所の職務に従事できない者は専任技術者として扱われません。

　さらに、営業所の専任技術者は、その営業所に常勤（テレワークを行う場合を含む）して専らその職務に従事することが求められ、工事

現場に配置する配置技術者（主任技術者または監理技術者）との兼任ができません。ただし、次の①～③をすべて満たす場合に限り、専任技術者と専任を要しない配置技術者との兼任が認められますが、この兼任配置は例外的なものなので、極めて限定的な運用が必要です。

① 当該営業所において請負契約が締結された建設工事であること
② 工事現場と営業所が近接しており、常時連絡が取れること
③ 所属建設業者と直接的かつ恒常的な雇用関係にあること

● 工事現場に設置する主任技術者とは

建設業法26条１項は、元請または下請にかかわらず、あるいは請負

■ 技術者（営業所の専任技術者、主任技術者、監理技術者）の要件

技術者の種類		技術者となるための要件
【一般建設業】営業所の専任技術者主任技術者　【特定建設業】主任技術者		①学歴及び実務経験者 　ⓐ 指定学科卒業後の実務経験者 　　許可を受けようとする工種に関し、高校卒業後５年以上 　　又は大学卒業後３年以上などの実務経験者 　ⓑ 上記ⓐ以外の場合 　　許可を受けようとする工種に関し、10年以上の実務経験者 ②国土交通大臣認定者 　ⓐ 実務経験者 　ⓑ １級及び２級国家資格者等 　ⓒ 登録基幹技能者
【特定建設業】営業所の専任技術者監理技術者	指定建設業	①１級国家資格者 ②国土交通大臣認定者 　国土交通大臣特別認定者（建設省告示第128号（平成元年１月30日）の対象者）
	指定建設業以外	①１級国家資格者 ②主任技術者の要件のいずれかに該当する者のうち、請負代金が4500万円以上である工事に関し、２年以上指導監督的実務経験を有する者 ③国土交通大臣認定者 　①又は②と同等以上の能力を有すると認定した者

※指定建設業とは、土木、建築、管、鋼構造物、舗装、電気、造園工事業の７業種をいいます。

金額の大小にかかわらず、建設業者は、すべての工事現場において施工の技術上の管理をつかさどる者として「主任技術者」を配置しなければならないと定めています。つまり、主任技術者は必置の制度です。主任技術者の資格要件は、前述した専任技術者と同じです。

　主任技術者は、公共性のある重要な建設工事に対して、その工事現場ごとに「専任」の義務が課せられています（建設業法26条3項）。

　「公共性のある重要な建設工事」とは、元請または下請を問わず、請負金額3500万円（建築一式工事の場合は7000万円）以上で、建設業法施行令27条1項に列挙された工事を指します。したがって、個人住宅や長屋を除くほとんどの工事がこれに該当します。

　ただし、密接な関係のある2以上の建設工事を、同一の建設業者が同一の場所または近接した場所で施工するものについては、同一の専任の主任技術者が、これらの建設工事を管理することができます（専任の例外、建設業法施行令27条2項）。

● 工事現場に設置する監理技術者とは

　建設業法26条2項は、発注者から直接工事を請け負った特定建設業者（元請）は、その施工する建設工事の下請契約の請負代金の総額が4000万円（建築一式工事の場合は6000万円）以上となる場合、主任技術者に代えて、より上位の資格や経験を有する技術者である「監理技術者」を配置しなければならないと定めています。監理技術者の職務は、施工計画の作成、工程管理、品質管理その他の技術上の管理および工事の施工に従事する者の指導監督です。監理技術者は、下請負人を適切に指導、監督するという総合的な役割を担うため、主任技術者より厳しい資格や経験が求められます。

　監理技術者の資格要件は、たとえば、指定建設業（土木・建築・鋼構造物・管・舗装・電気・造園工事業）については、①1級国家資格者、②国土交通大臣認定者、のいずれかに該当することです。②の資

格要件は、①と同等以上の能力（知識および技術または技能）を有すると国土交通大臣が認定した者を指します。

　その上で、専任の監理技術者となるには、監理技術者資格者証の交付を受けて、過去5年以内に監理技術者講習を修了していることが必要です（建設業法26条5項）。工事現場では監理技術者資格者証を携帯し、発注者の請求があったときは提示しなければなりません。

　監理技術者も公共性のある重要な建設工事に対して、現場ごとの専任義務が課せられています。ただし、監理技術者補佐（監理技術者の職務を補佐する者）をそれぞれの工事現場に専任で配置することで、監理技術者（特例監理技術者）を2つの工事現場に配置することができます（建設業法26条3項、4項）。

● 一式工事についての専門技術者とは

　土木工事業または建築工事業を営む者（建設業許可の有無を問わない）は、土木一式工事または建築一式工事の施工に際し、あわせて専門工事を自ら施工するときは、その工事現場に専門技術者（主任技術者の資格を有する者）を置かなければなりません（建設業法26条の2第1項）。専門技術者は、一式工事の主任技術者または監理技術者とは必ず別個に置かなければならないわけではありません。一式工事の主任技術者または監理技術者が、その専門工事に関し主任技術者の資格を持っている場合は、両者の兼務ができます。しかし、自ら専門技術者の配置ができない場合は、それぞれの専門工事について建設業の許可を受けた建設業者に専門工事を施工させなければなりません。

　一方、建設業者は、許可を受けた建設業の建設工事に附帯する他の建設工事（附帯工事）の施工ができます。その場合も、当該附帯工事につき専門技術者を置かなければなりません。自ら専門技術者の配置ができない場合は、当該附帯工事につき建設業の許可を受けた建設業者に施工させなければなりません（建設業法26条の2第2項）。

技術者制度の特例や注意点について知っておこう

技術者制度には雇用関係、専任等に関して特例がある

● 工事現場に配置する監理技術者等の雇用関係と特例とは

　主任技術者と監理技術者をまとめて監理技術者等（配置技術者）といい、監理技術者等の雇用関係は、「建設工事の適正な施工を確保するため、監理技術者等については、当該建設業者と直接的かつ恒常的な雇用関係にある者であることが必要」であると、国土交通省が作成した「監理技術者制度運用マニュアル」に定められています。ここでの「直接的かつ恒常的な雇用関係」については、以下のとおりです。

①　直接的な雇用関係

　直接的な雇用関係とは、監理技術者等とその所属建設業者との間に第三者の介入する余地のない雇用に関する一定の権利義務関係（賃金、労働時間、雇用、権利構成）が存在することをいいます。したがって、在籍出向者、派遣社員などは該当しません。

　なお、直接的な雇用関係を確認する際には、本人に対しては健康保険被保険者証の提出を、建設業者に対しては健康保険被保険者標準報酬決定通知書、市区町村作成の住民税特別徴収税額通知書、当該技術者（本人）の工事経歴書の提出を、それぞれ求め確認します。

②　恒常的な雇用関係

　恒常的な雇用関係とは、一定の期間にわたり当該建設業者に勤務し、日々一定時間以上職務に従事することが担保されていることをいいます。したがって、1つの工事の期間のみの短期雇用は該当しません。

　また、恒常的な雇用関係というためには、原則として、入札の申込のあった日以前に3か月以上の雇用関係があることが必要です。恒常的な雇用関係の有無は、資格者証の交付年月日または変更履歴、健康

保険被保険者証の交付年月日などにより確認することができます。

監理技術者等の雇用関係は以上のとおりですが、持株会社化など建設業を取り巻く経営環境の変化などに対応するために、直接的かつ恒常的な雇用関係の取扱いの特例を次のように定めています。

・営業譲渡または会社分割の場合

営業譲渡の日や会社分割の登記をした日から3年以内に限り、出向社員（譲渡企業や分割企業から出向した社員）と出向先企業（譲受企業や承継企業）との間に、直接的かつ恒常的な雇用関係があるものとみなされます。

・持株会社の子会社の場合

国土交通大臣の認定を受けた企業集団で、親会社から子会社へ出向した社員（出向社員）を子会社が工事現場に主任技術者または監理技

■ 直接かつ恒常的な雇用関係の取扱いの特例 ·····················

・営業譲渡、会社分割の場合

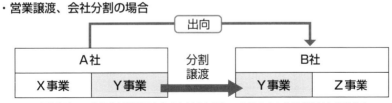

※ 営業譲渡日、会社分割登記日から3年以内に限り、A社の出向社員がB社と恒常的な雇用関係があるとみなす。

・持株会社の子会社の場合または親会社と連結子会社の場合

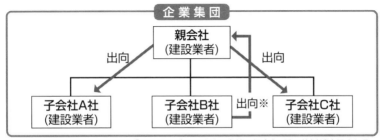

※ 子会社から親会社への出向は、「親会社及びその連結子会社の場合」に限り特例が適用される。

術者として配置する場合、出向社員と子会社との間に、直接的かつ恒常的な雇用関係があるものとみなされます。

・**親会社及びその連結子会社の場合**

　一定の要件を満たす親会社と連結子会社からなる企業集団に属する建設業者の間の出向社員を、出向先企業が工事現場に主任技術者または監理技術者として配置する場合は、出向社員と出向先企業との間に、直接的かつ恒常的な雇用関係があるものとみなされます。

● 現場技術者の専任とは

　「公共性のある重要な建設工事」については、その工事現場ごとに監理技術者等の専任が義務付けられています（建設業法26条3項）。ここで「専任」とは、「他の工事現場に係る職務を兼務せず、常時継続的に当該工事現場に係る職務にのみ従事していること」をいいます。

　発注者から直接建設工事を請け負った建設業者（元請）が、監理技術者等を工事現場に専任で設置すべき期間は契約工期が基本となります。しかし、次に掲げる期間は、たとえ契約工期中であっても工事現場への専任の必要はありません。ただし、いずれの場合も、発注者と建設業者の間で、次に掲げる期間が設計図書や打合せ記録等の書面により明確になっていることが必要です。

ⓐ　**請負契約の締結後、現場施工に着手するまでの期間**

　現場事務所の設置、資機材の搬入または仮設工事等が開始されるまでの準備期間。

ⓑ　**工事を全面的に一時中止している期間**

　工事用地等の確保が未了、自然災害の発生または埋蔵文化財調査等により、工事を全面的に一時中止している期間。

ⓒ　**工場製作のみが行われている期間**

　橋梁、ポンプ、ゲート、エレベーター、電機品などの工場製作を含む工事全般について、工場製作のみが行われている期間。

ⓓ 工事完成後の期間

工事完成検査後の事務手続や後片付け等のみが残っている期間。

なお、下請工事においては、施工が断続的に行われることが多いことを考慮し、専任の必要な期間は「下請工事が実際に施工されている期間」であるとされています。

● 交代する場合や現場代理人との関係

技術者については交代や変更が問題になることもあります。

① 変更や途中交代

当初、主任技術者を設置した工事であったが、大幅な工事内容の変更等により、工事途中で下請契約の請負代金の額が4000万円（建築一式工事の場合は6000万円）以上となった場合、発注者から直接建設工事を請け負った特定建設業者は、主任技術者に代えて、所定の資格を有する監理技術者を設置しなければなりません。ただし、工事施工当初から変更があらかじめ予想される場合は、当初から監理技術者になり得る資格を有する技術者を配置しなければなりません。

また、建設工事の適正な施工の確保を阻害する要因となるため、施工管理をつかさどる監理技術者等の工期途中での交代は、原則として

■ 監理技術者等（配置技術者）の専任を要する期間 ‥‥‥‥‥‥

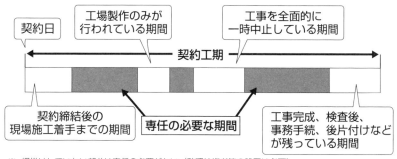

※ 網掛けしていない部分は専任の必要がない（監理技術者等の設置は必要）。

認められません。しかし、真にやむを得ない場合（監理技術者等の死亡、傷病または退職など）の他、以下のいずれかに該当する場合に、途中交代が認められています。

・自然災害、落盤、火災などの受注者の責によらない理由で、工事中止または工事内容の大幅な変更が生じ、工期が延長された場合

・橋梁、ポンプ、エレベーター、発電機などの工場製作を含む工事において、工場から現地へ工事の現場が移行する時点

・トンネル工事、ダム工事などの大規模な工事で、１つの契約工期が多年にわたる場合

② 現場代理人の兼任と他との兼務

現場代理人は、請負契約の履行に関し、工事現場に常駐し、その運営・取締りを行う他、請負代金額の変更や請負代金の請求・受領などに係る権限を除き、当該請負契約に基づく請負人（受注者）の一切の権限を行使できる者とされています（公共工事標準請負契約約款10条２項）。現場代理人について法律上特別な資格要件はありませんが、所属建設業者との「直接的かつ恒常的な雇用関係」が必要です。

ここで「（工事現場に）常駐」とは、当該工事のみを担当しているだけでなく、工事期間中、常に工事現場に滞在していることを意味するため、原則として他の工事と重複して現場代理人となることはできません。ただし、現場代理人の工事現場における運営・取締り・権限行使に支障がなく、発注者との連絡体制が確保される場合は、工事現場への現場代理人の常駐を要しない（兼任ができる）とすることができます（公共工事標準請負契約約款10条３項）。これをふまえ、特に各地方自治体が常駐義務緩和と兼任の要件を定めています。

なお、監理技術者等と現場代理人との兼務は認められますが、営業所の専任技術者および経営業務の管理責任者は、現場代理人となることができないので、これらとの兼務はありません。

施工体制台帳や施工体系図などの法定書類について知っておこう

施工体制台帳、施工体系図を活用して建設工事の適正を確保する

● 元請業者に作成義務のある法定書類の備置・保存などが義務付けられている

建設工事の施工は、各種の専門工事が複雑に組み合わさってなされる総合組立生産方式です。したがって、建設工事の適正な施工を確保するためには、元請業者（元請）が、一次下請や二次下請（孫請）など専門工事に関わるすべての建設業者を監督し、建設工事全体の施工を管理することが必要です。このため、元請業者は、施工体制台帳、施工体系図、作業員名簿などの法定書類を備置・保存することが義務付けられています。また、二次下請負以下がいる場合は、現場の見やすい場所に再下請負通知の提出案内を掲示することも必要です。

● 施工体制台帳とは

建設業法24条の8は、①公共工事では、2015年（平成27年）4月1日以降に発注者から直接建設工事を請け負った建設業者が、当該工事に関して下請契約を締結した場合、②民間工事では、発注者から直接建設工事を請け負った特定建設業者が、当該工事に関して締結した下請金額の総額が4000万円（建築一式工事は6000万円）以上になった場合、元請業者（発注者から直接建設工事を請け負った者）に対して、工事現場ごとに施工体制台帳を作成することを義務付けています。

施工体制台帳には、建設工事を請け負ったすべての業者名、工事現場において各業者が分担する施工範囲、工事現場に設置する技術者の氏名などを記載します。そして、建設工事の目的物を発注者に引き渡すまでの間、工事現場ごとに備え置くことが必要です（建設業法施

行規則14条の7）。また、建設工事の完成後は、担当営業所において、建設工事の目的物の引渡しから5年間（新築住宅の場合は10年間）、施工体制台帳を保存する必要もあります（建設業法施行規則28条）。

　公共工事については「公共工事の入札及び契約の適正化の促進に関する法律」（入札契約適正化法）に基づき、発注者に施工体制台帳の写しを提出しなければなりません。また、民間工事については「建設業法」に基づき、発注者から求めがあれば、施工体制台帳を閲覧できるようにしなければなりません。

　このように厳しく施工体制台帳の作成・備置・保存などが義務付けられているのは、次の理由があるからです。

　建設工事の施工は、下請をはじめとした各種専門工事が複雑に組み合わさってなされる総合組立生産方式です。したがって、建設工事の適正な施工を確保するためには、元請業者が下請や孫請など専門工事に関わるすべての建設業者を監督し、建設工事全体の施工を管理することが必要です。このために必要なものが**施工体制台帳**です。元請業者は、施工体制台帳を作成することによって、自らが管理する現場の施工体制を把握します。元請業者が施工体制の全体を把握することによって、下請各社との書面契約の徹底、不良・不適格業者の排除、安易な重層下請の防止を図ることができます。これにより建設工事の適正な施工が確保されるわけです。

● 施工体制台帳にはどんな内容を記載すればよいのか

　施工体制台帳には、元請業者（作成建設業者）の建設業許可に関する事項、発注者から請け負った建設工事に関する事項、下請負人に関する事項などを記載しなければなりません（建設業法施行規則14条の2）。具体的に、施工体制台帳に記載すべき内容は以下のとおりです。

① **作成建設業者に関する次に掲げる事項**
　ア　許可を受けて営む建設業の種類

イ　健康保険などの加入状況

② **作成建設業者が請け負った建設工事に関する事項**

　ア　建設工事の名称、内容、工期

　イ　発注者と請負契約を締結した年月日、発注者の商号・名称・氏
　　　名、住所、請負契約を締結した営業所の名称、所在地

　ウ　発注者が監督員を置くときは、当該監督員の氏名、権限に関す
　　　る事項、当該監督員の行為についての意見申出方法

　エ　作成建設業者が現場代理人を置くときは、当該現場代理人の氏名、
　　　権限に関する事項、当該現場代理人の行為についての意見申出方法

　オ　主任技術者または監理技術者（監理技術者等）の氏名、主任技
　　　術者資格または監理技術者資格、専任か否かの別

　カ　作成建設業者が監理技術者補佐を置くときは、当該監理技術者
　　　補佐の氏名、監理技術者補佐資格

　キ　作成建設業者が専門技術者を置くときは、当該専門技術者の氏
　　　名、管理をつかさどる建設工事の内容、主任技術者資格

■ 施工体制台帳や施工体系図の作成手続きの流れ ··················

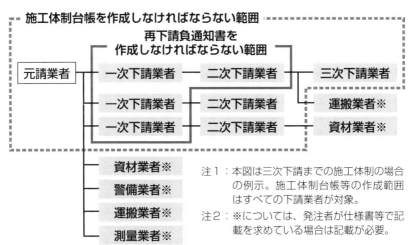

注１：本図は三次下請までの施工体制の場合
　　　の例示。施工体制台帳等の作成範囲
　　　はすべての下請業者が対象。

注２：※については、発注者が仕様書等で記
　　　載を求めている場合は記載が必要。

ク　外国人技能実習生、外国人建設就労者及び一号特定技能外国人
　　の従事の状況

③　**下請負人に関する次に掲げる事項**

　ア　下請負人の商号・名称、住所

　イ　下請負人が建設業者であるときは、その建設業許可番号及び建
　　設業の種類

　ウ　健康保険などの加入状況

④　**下請負人が請け負った建設工事に関する次に掲げる事項**

　ア　建設工事の名称、内容、工期

　イ　下請負人が注文者と下請契約を締結した年月日

　ウ　注文者が監督員を置くときは、当該監督員の氏名、権限に関す
　　る事項、当該監督員の行為についての意見申出方法

　エ　下請負人が現場代理人を置く場合は、当該現場代理人の氏名、
　　権限に関する事項、当該現場代理人の行為についての意見申出方法

　オ　下請負人が建設業者であるときは、当該下請負人が置く主任技
　　術者の氏名、主任技術者資格、専任か否かの別

　カ　下請負人が主任技術者に加えて専門技術者を置くときは、当該
　　専門技術者の氏名、管理をつかさどる建設工事の内容、主任技術
　　者資格

　キ　建設工事が作成特定建設業者の請け負わせたものであるときは、
　　当該建設工事について請負契約を締結した当該作成特定建設業者
　　の営業所の名称、所在地

　ク　外国人技能実習生、外国人建設就労者及び一号特定技能外国人
　　の従事の状況

● 施工体制台帳の作成上の注意点

　作成建設業者が施工体制台帳を作成する際には、元請、一次下請、
二次下請以下の請負契約の締結に応じて、それぞれの必要書類（添付

書類を含む）を作成し、取りまとめておく必要があります。

① 発注者と特定建設業者との請負契約の締結（元請）

　元請業者として、建設工事や技術者などの施工体制台帳の記載事項を整備します。

② 一次下請負の請負契約の締結

　一次下請負人に対し施工体制台帳作成工事（施工体制台帳の作成を要する建設工事）である旨の通知を行うとともに、工事現場の見やす

■ 施工体制台帳等の作成すべき範囲 ……………………………………

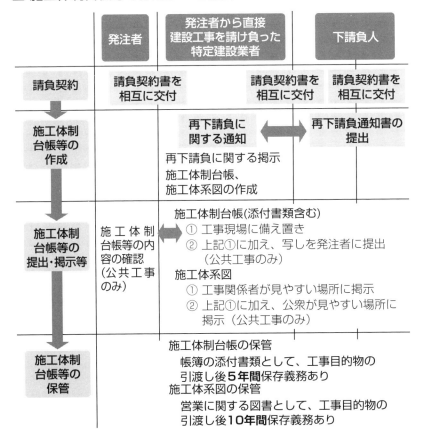

い場所に下請負人に対する通知事項が記載された書面を掲示し、施工体制台帳を整備します（77ページ下参照）。

③ 二次下請負の請負契約の締結

　一次下請負人から提出された再下請負通知書（77ページ上書式）により、または自ら把握した施工に携わる下請負人に関する情報に基づき、施工体制台帳を整備します。

　以上のとおり、下請を繰り返すたびに、再下請負通知書が作成建設業者（元請業者）に提出されるしくみになっており、それに基づいて、その都度、施工体制台帳が整備されることになります。

● 施工体系図とは

　施工体系図は、作成された施工体制台帳に基づき、各下請負人の施工分担関係が一目でわかるようにした図のことで、元請業者（作成建設業者）が作成します。施工体系図を見ることで、工事に携わる関係者全員が工事における施工分担関係を把握することができます。

　作成建設業者は、工事の期間中、①公共工事では工事現場の工事関係者が見やすい場所及び公衆の見やすい場所に、②民間工事では工事関係者が見やすい場所に、それぞれ施工体系図を掲示しなければなりません（入札契約適正化法15条1項、建設業法24条の8第4項）。また、下請業者の変更などがあった場合は、速やかに施工体系図の表示の変更をしなければなりません。

　そして、発注者から請け負った建設工事の目的物を発注者に引き渡すまで（請負関係が途中で解消された場合は、その債権債務が消滅するまで）、施工体系図を掲示する義務を負います（建設業法施行規則14条の7）。

● 施工体系図にはどんなことを記載すればよいのか

　施工体系図に記載すべき内容は、次のとおりです（建設業法施行規

則14条の６）。

①　発注者に関して、商号・名称、工事名称、工期

②　元請業者（作成建設業者）に関して、商号・名称、監督員の氏名、主任技術者・監理技術者（監理技術者等）の氏名、専門技術者を置く場合は、その氏名及び担当工事の内容

③　下請負人について、商号・名称、担当工事の内容及び工期、下請負人が建設業者である場合は、当該下請負人の主任技術者の氏名並びに専門技術者を置く場合におけるその氏名及び担当工事の内容

◉ 作業員名簿（工事開始前に準備）

どんな人が現場で作業をしているのかについて、すべて明らかにし、その雇用管理状況を把握するために必要な書類です。令和２年10月から施行された建設業法改正によって、作業員名簿を施工体制台帳の一部として作成することが義務付けられています。

作業員名簿に記載する主な事項は、以下のとおりです。

・建設工事に従事する者（現場代理人・技術者を含む）のふりがな、氏名、技能者ID

・生年月日、年齢

・職種

・社会保険（健康保険、介護保険、雇用保険、年金）の加入等の状況

・建設業退職金共済制度・中小企業退職金共済制度の被共済者であるか否かの別

・安全衛生に関する雇入・職長・特別教育の内容

・免許

・入場年月日、受入教育実施年月日

作業員名簿は、作業員を雇用する業者ごとに作成し、一次下請負人がそれらをまとめて作成建設業者（元請業者）に提出します。

施工体制台帳の記載や保存について知っておこう

施工体制台帳作成工事の周知と施工体制台帳の保存が重要

● 再下請負通知書と再下請負通知する旨の現場での掲示

　元請業者は、施工体制台帳作成工事（施工体制台帳の作成を要する建設工事）であることを工事関係者に周知するため、工事現場内の見やすい場所に、再下請負通知書の提出案内に関する書面を掲示しなければなりません（建設業法施行規則14条の3第1項）。

　これを受けて、下請負人がさらにその工事を再下請負した場合、元請業者に対し、下請負人は再下請負通知書を提出しなければなりません（建設業法24条の8第2項）。再下請負通知書の記載事項は、①自社に関する事項、②自社が注文者と締結した下請契約の内容、③自社が下請契約を締結した再下請負人に関する事項、④自社が再下請負人と締結した建設工事の請負契約の内容などとなっています。

● 一括下請負の場合、施工体制台帳に元請負人の記載は必要か

　一括下請負（いわゆる丸投げ）を容認すると、中間搾取、工事の質の低下など建設業の健全な発達を阻害するため、一括下請負は禁止されています（建設業法22条1項、2項）。ただし、民間工事（共同住宅の新築を除く）の場合は、あらかじめ発注者からの書面（または電子情報処理組織を使用する方法など）による承諾を得たときは、一括下請負ができるとの例外があります（建設業法22条3項、4項）。しかし、公共工事の場合は、厳格な入札・契約手続に従っており、一括下請負を認める必要性がないことから、平成13年4月1日以降、一括下請負が全面的に禁止されています（入札契約適正化法14条）。

　もっとも、一括下請負の禁止の例外と施工体制台帳の作成義務とは

■ 再下請負通知する場合の下請業者への書面通知の例 …………

下請負人となった皆様へ

　今回、下請負人として貴社に施工を分担していただく建設工事については、建設業法（昭和24年法律第100号）第24条の8第1項の規定により、施工体制台帳を作成しなければならないこととなっています。

　この建設工事の下請負人（貴社）は、その請け負ったこの建設工事を他の建設業を営むもの（建設業の許可を受けていないものを含みます）に請け負わせたときは、

イ　建設業法第24条の8第2項の規定により、遅滞なく、建設業法施行規則（昭和24年建設省令第14号。以下「規則」という）第14条の4に規定する再下請負通知書を当社あてに次の場所まで提出しなければなりません。また、一度通知いただいた事項や書類に変更が生じたときも、遅滞なく、変更の年月日を付記して同様の通知書を提出しなければなりません。

ロ　貴社が工事を請け負わせた建設業を営むものに対しても、この書面を複写し交付して、「もしさらに他の者に工事を請け負わせたときは、作成建設業者に対するイの通知書の提出と、その者に対するこの書面の写しの交付が必要である」旨を伝えなければなりません。

作成建設業者の商号　　　　○○建設（株）
再下請負通知書の提出場所　□□工事現場内
　　　　　　　　　　　　　　建設ステーション／△△営業所

■ 再下請負通知する旨の現場での掲示の例 ………………………

　この建設工事の下請負人となり、その請け負った建設工事を他の建設業を営む者に請け負わせた方は、遅滞なく、建設業法施行規則（昭和24年建設省令第14号）第14条の4第1項に規定する再下請負通知書を提出してください。

　一度通知した事項や書類に変更が生じたときも変更の年月日を付記して同様の書類の提出をしてください。

○○建設（株）

関係はありません。したがって、一括下請負が例外として許される場合においても、元請業者には施工体制台帳の作成義務があり、一括下請負である旨を施工体制台帳に記載する必要があります。

● 下請業者間の下請契約書の写しについての扱い

施工体制台帳に記載すべき下請負人の範囲は、建設工事の請負契約における、二次下請以下も含めたすべての下請負人に及びます。再下請負通知書を提出する際、下請契約書の写しを添付します。

● 施工体制台帳の保存期間は

施工体制台帳は、担当営業所において、建設工事の目的物の引渡しをしたとき（請負関係が途中で解消された場合は、その債権債務が消滅したとき）から5年間（住宅の新築工事は10年間）保存しなければなりません（建設業法施行規則28条1項）。保存すべき書類は、下記の事項が記載されているものです。

① 当該工事に関し、実際に工事現場に置いた監理技術者等（主任技術者・監理技術者）の氏名、有する監理技術者等資格

② 監理技術者補佐を置いたときは、その者の氏名、有する監理技術者補佐資格

③ 監理技術者等以外に専門技術者を置いたときは、その者の氏名、その者が管理を担当した建設工事の内容、有する主任技術者資格

④ 下請負人（末端までのすべての業者）の商号・名称、許可番号

⑤ 下請負人に請け負わせた建設工事の内容、工期

⑥ 下請業者が実際に工事現場に置いた主任技術者の氏名、有する主任技術者資格

⑦ 下請負人が主任技術者以外に専門技術者を置いたときは、その者の氏名、その者が管理を担当した建設工事の内容、有する主任技術者資格

ジョイントベンチャーでの代表者選出について知っておこう

複数の建設業者が関わり責任の所在が曖昧になることを防ぐ

◉ ジョイントベンチャーとは

　複数の建設業者が、ひとつの建設工事を受注・施工することを目的として形成される事業組織体のことをジョイントベンチャー（共同企業体）といい、略して「JV」と呼ぶのが一般的です。ジョイントベンチャーは、大規模な建設工事で多く採用されており、施工方式に応じて「共同施工方式」と「分担施工方式」に分類され、前者の方が多くとられる方式です。

　まず、共同施工方式とは、ジョイントベンチャーを構成する建設業者が共同で施工に携わる方式です。これに対し、分担施工方式とは、建設工事を複数の建設業者が工区や工種別に分担して施工する方式で、建設業者それぞれが独立した責任体制を取っています。

　このうち共同施工方式では、建設工事の施工における建設業者間の境界がないため、外から見るだけでは複数の建設業者を区別することが困難です。端的な表現をすると、ひとつの建設業者のようになってしまい、その結果として、元々個別に独立していた指揮命令系統および責任体制が複雑かつ曖昧なものとなるおそれがあります。

　そこで、労働安全衛生法5条1項では、「二以上の建設業に属する事業の事業者が、一の場所において行われる当該事業の仕事を共同連帯して請け負った場合」、つまり共同施工方式の場合は、事業者のうちの1人を代表者と定めて、都道府県労働局長へ届け出なければならないと規定しています。工事現場におけるトラブル発生時の責任者を明確にさせる趣旨から、このような規定が存在します。

● 代表者の届出の手続きについて

労働安全衛生法5条1項に基づく代表者の届出は、その届出に関する仕事の開始日の14日前までに、「共同企業体代表者（変更）届」という所定の書面を、仕事が行われる場所を管轄する労働基準監督署長を経由して都道府県労働局長に提出します（経由元の労働基準監督署長が提出先です）。「共同企業体代表者（変更）届」には、事業の種類、共同企業体の名称、主たる事務所の所在地、発注者名、請負金額、工事の概要、工事期間、代表者名などを記載します。代表者変更の場合も届出が必要です。なお、代表者の選定・届出がなされない場合は、都道府県労働局長が代表者を指名します（労働安全衛生法5条2項）。

そして、労働安全衛生法5条1項に基づく代表者の選定は、出資割合や工事施工にあたっての責任の程度を考慮して行うべきとされているため、原則として、法人の場合には、法人代表責任者（社長）を代表者とします。しかし、例外として、広範囲にわたる職務権限が支店長（支社長）に委ねられている場合には、その支店長をもって代表者とすることも可能になっています。

● JVの形態は特定JVと経常JVが代表的なものである

形成する目的によってJVの形態を分けたときは、特定建設共同企業体（特定JV）と経常建設共同企業体（経常JV）が代表例といえます。なお、国土交通省が公表している「共同企業体の在り方について」では、これらに加え、大規模災害からの円滑かつ迅速な復旧・復興を図ることを目的とする「復旧・復興建設工事共同企業体」などの形態が示されています。

① 大規模かつ技術的難度の高い工事を施工する場合

大規模かつ技術難度の高い工事の施工に際して、技術力等を結集することにより工事の安定的施工を確保できる場合など、共同企業体による施工が必要と認められる場合、発注される工事ごとに結成される

共同企業体のことを特定建設共同企業体（特定JV）といいます。

　建設業界における専門工事分野は細分化されているため、ゼネコン（総合建設業）であっても、業種（工種）ごとや、同一業種においても構造物（橋、トンネル、高層ビルなど）ごとの得意または不得意による受注可能分野の偏りが生じることが多々あります。

　近年、大規模構造物の建設は、様々な要素が複合して設計されていることが多く、専門工事ごとに分割して発注することが困難な場合があります。これらを補う手法として、各分野に秀でた建設業者同士がJVを構成することで、1つの工事に対して総合的な受注・施工を行うことができるわけです。このような事情から生み出されたのが特定建設共同企業体です。工事の受注に成功した場合、特定建設共同企業体は、工事完了後の請負代金請求まで存続することになります。

　公共工事の場合、各工事の発注に関する公告が行われた時点で、発注機関に対して共同企業体の結成を届け出ます。また、国土交通省が公表している「共同企業体の在り方について」によると、各構成員の出資比率は、2社による場合は最低30%、3社による場合は最低20%とされています。そして、最も出資比率の多い企業が幹事会社（代表者）となり、工事受注・施工について主導します。

■ ジョイントベンチャーのしくみと代表者選出 ....

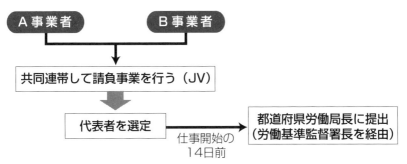

② 中小建設企業が経営力・施工力を強化する目的で結成する場合

　中小・中堅建設業者が継続的な協業関係を確保することで、その経営力・施工力を強化する目的で結成する共同企業体を経常建設共同企業体（経常JV）といいます。経常建設共同企業体は、単体企業と同様の組織とみなされ、発注機関の入札参加資格審査申請時（原則は年度当初）に申請することで、一定期間有資格業者として登録されます。

　企業規模の小さい建設業者がJVを組織することで、単体企業では受注できない規模の大きな工事の受注が可能になり、受注機会の拡大、利益の向上が期待されます。しかし、近年、地方自治体における入札方法の多様化などにより、経常建設共同企業体の結成による組織規模の拡大が、受注機会の拡大につながらない事例も見受けられます。

● 甲型と乙型はJVの施工方式による分類である

　甲型共同企業体（甲型JV）とは、ひとつの工事について、あらかじめ定めた出資割合に応じて、各構成員が資金、人員、機械等を拠出して共同施工する方式です。

　甲型共同企業体の場合、損益計算については、共同企業体としての会計単位を設けて、合同で行われます。各構成員の企業会計への帰属は、各構成員の出資比率に応じたものとなります。また、利益金や欠損金についても、各構成員の出資比率に応じて配分されます。

　一方、乙型共同企業体（乙型JV）とは、共同企業体の請け負ったひとつの工事を複数の工区に分割し、各構成員が分担する工区を責任を持って施工する方式です。乙型共同企業体は、工区ごとの責任体制ですが、最終的には他の構成員の施工した工事についても、発注者に対して連帯責任を負うことになります。そして、損益計算については、各構成員が自分の分担工事ごとに行います。そのため、構成員の中に、利益を上げた者と損失が生じた者とが発生する可能性があります。また、利益金や欠損金の配分についても構成員ごとになります。

6 ジョイントベンチャーでは どんな問題が生じるのか

甲型または乙型によって監理技術者等の配置などに違いがある

● JVで作業する場合の現場での技術者配置の注意点

　JV（ジョイントベンチャー）の工事現場における監理技術者等（監理技術者・主任技術者）の配置は、甲型JVまたは乙型JVのどちらであるか（前ページ）、下請代金の総額が4000万円未満かまたは4000万円以上かによって、以下のように異なります。

1　甲型JV（甲型共同企業体）の場合

①　下請代金の総額が4000万円（建築一式の場合は6000万円）未満の場合

　すべての構成員が主任技術者を配置しなければなりません。JV工事の主任技術者については、原則として国家資格を有する者とされています（共同企業体運用準則）。また、発注者からの請け負った建設工事の請負代金の額が3500万円（建築一式の場合は7000万円）以上の場合は、主任技術者の全員が当該工事に専任となります。

②　下請代金の総額が4000万円（建築一式の場合は6000万円）以上の場合

　構成員のうち１社（通常は代表者）が監理技術者を配置します。他の構成員は主任技術者を配置します。監理技術者等は当該工事に専任となります。なお、①と同じように、監理技術者等は国家資格を有する者を原則とすべきとされています（共同企業体運用準則）。

2　乙型JVの場合

①　分担工事に係る下請代金の総額が4000万円（建築一式の場合は6000万円）未満の場合

　すべての構成員が主任技術者を配置しなければなりません。主任技

術者は国家資格を有する者を原則とすべきとされています（共同企業体運用準則）。また、分担工事の請負代金の額が3500万円（建築一式の場合は7000万円）以上の場合は、主任技術者は専任でなければなりません。

② 分担工事に係る下請代金の総額が4000万円（建築一式の場合は6000万円）以上の場合

代表者であっても構成員であっても、分担工事の下請代金が4000万円（建築一式の場合は6000万円）以上となった場合は、監理技術者を配置しなければなりません（それ以外の場合は、主任技術者を配置しなければなりません）。監理技術者等は国家資格を有する者が原則とされています（共同企業体運用準則）。また、分担工事の請負代金の額が3500万円（建築一式の場合7000万円）以上の場合は、監理技術者等が当該工事に専任となります。

◉ 完成工事高の計算や施工体制台帳等の作成上の注意点

JVの場合、複数の建設企業が工事に関わっているため、実績や施工体制台帳等の管理についても注意する必要があります。

完成工事高とは、工事請負契約に基づく工事の収益のことで、売上高に相当するものです。甲型JVによる各構成員の完成工事高の計算方法は、工事請負代金に各構成員の出資比率を乗じて得た額となります。また、乙型JVによる各構成員の完成工事高の計算方法は、そのJVの運営委員会で定めた各構成員の分担工事の額となります。

JVは法人格を持たず（民法上の組合であると位置付けられています）、建設業の許可も持っていません。そのため、施工体制台帳等の整備はJVの各構成員である建設企業が行うことになります。

施工方式が甲型JVの場合、全構成員が一体となって工事を施工するため、通常は代表者となる建設企業が施工体制台帳等の整備を行うことになります。

一方、乙型JVの場合、共同企業体といっても各構成員が分担された工区の工事を行う施工方式であるため、分担工区を担当する各々の建設企業が、施工体制台帳等を整備するのが通常です。

● 下請を使う場合の注意点は

たとえば、下請業者である企業AがJVの構成員でもある場合、JVの構成員としての企業A（及び他の構成員である企業）と下請業者としての企業Aとの下請契約となり、これは企業Aが同一の下請契約における双方の当事者となるケースに該当します。このような下請契約は直ちに法令違反となるわけではありません。

しかし、出資比率に比べて一部の構成員（企業A）が施工の多くを手がけることになる点や、他の構成員が実質的な施工を行わずに出資比率に応じた利益を得ることになる（ペーパーJV）など、JVの制度趣旨に反します。JVの構成員は出資比率に応じて施工することになっているからです。したがって、一部の構成員の担当範囲が多くなると予想される場合は、当該構成員の出資比率をそれに見合うように変更した上で施工する必要があります。

また、「JV自体が下請企業になる」という事態については考えられなくはありませんが、JVは発注者から直接工事を請け負う元請としての共同企業体を想定したものです。そのため、下請がJVであることは想定されておらず、法的な規制はありません。

しかし、施工技術上の必然性がない場合など、JVに下請をさせる合理的な理由を見出すのは困難です。その場合は、JVの構成員である各々の建設業者と個別に下請契約を締結すればよいと考えられています。なお、JVに下請をさせる場合でも、建設業者がJVに対して建設工事の下請を一括発注するのは、原則として一括下請負の禁止に違反します（建設業法22条）。

経営事項審査について知っておこう

公共工事入札へ参加する場合に必要となる手続き

● 経営事項審査とは

　経営事項審査は、公共工事を直接請け負おうとする建設業許可業者を客観的に審査する制度です。建設業許可業者の施工能力や、経営状況などを指標により評価します。公共工事の契約は、ほとんどが入札制度となっています。この入札の参加資格を得るためには、①入札参加資格要件、②客観的事項、③主観的事項の3点をクリアする必要があります。つまり、このうち②にあたる部分を審査するのが「経営事項審査（略して経審）」となります。大臣許可では国土交通大臣、知事許可では都道府県知事の審査を受けます。

　経審は、「経営規模等評価申請」と「総合評定値請求」に分けられており、総合評定値の算出まで行うかは、申請者自身で決定することができます。

● どのような流れで行うのか

　経審では、「経営状況分析（Y点）」と「経営規模等評価（X, Z, W点）」の審査項目があり、これらの結果から「総合評定値（P点）」が算出されます。「経営状況分析（Y点）」では、専門的な財務諸表などを中心に分析が行われます。これに対して「経営規模等評価（X, Z, W点）」では「完成工事高（X_1）」「自己資本額・利益額（X_2）」「技術力（Z点）」「社会性等（W点）」を評価します。

$0.25（X_1点）＋0.15（X_2点）＋0.20（Y点）＋0.25（Z点）＋0.15（W点）＝（P点）$

なお、上記の数値は、すべての審査項目をあわせて「1」とした場合の重要度（割合）を示しています。

　これらをふまえ、経営事項審査の申請等の流れは、以下のようになります。なお、(3)、(5)は同一の様式で同時に行うことができます。

(1)　「登録経営状況分析機関」に経営状況分析を申請する。

(2)　経営状況分析結果通知書を受け取る。

(3)　国土交通大臣や、都道府県知事に経営規模等評価を申請する。

(4)　経営規模等評価結果通知書を受け取る。

(5)　国土交通大臣や、都道府県知事に総合評定値を請求する。

　(1)の登録経営状況分析機関とは、国土交通大臣から審査の委任を受けた機関です。登録経営状況分析機関については、国土交通省のホームページ（下記）を確認してみてください。

　http://www.mlit.go.jp/totikensangyo/const/1_6_bt_000091.html

■ **経営事項審査の流れ** ‥‥‥‥‥‥‥‥‥‥‥‥‥‥‥‥‥‥‥‥‥‥‥‥

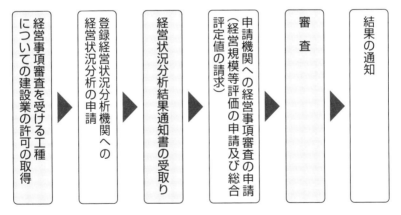

経営事項審査を受ける工種についての建設業の許可の取得 ▶ 登録経営状況分析機関への経営状況分析の申請 ▶ 経営状況分析結果通知書の受取り ▶ 申請機関への経営事項審査の申請（経営規模等評価の申請及び総合評定値の請求） ▶ 審査 ▶ 結果の通知

⑧ 入札契約適正化法について知っておこう

公共工事への国民の信頼を確保する

● どんな法律でどんなことが義務付けられているのか

　入札契約適正化法（公共工事の入札及び契約の適正化の促進に関する法律）は、公共工事の入札・契約の適正化の基本事項を定めています。この基本事項を通じて、公共工事に対する国民の信頼とこれを請け負う建設業の健全化を図ることが目的です。

　入札契約適正化法は、透明性の確保、公正な競争の促進、適正な施工の確保、不正行為の排除の徹底を基本原則として、すべての発注者に対して義務付ける事項や、各発注者が取り組むべきガイドラインを国が設けることなどを規定しています。

　ここで「すべての発注者に義務付ける事項」には、毎年度の発注の見通しと、入札者名・入札金額・落札者・落札金額・契約者・契約金額などの「情報の公表」があります。さらに、「不正行為等に対する措置」もあります。独占禁止法違反は公正取引委員会に、建設業法違反は国土交通省・都道府県に通知しなければなりません。また、受注者が発注者に対して施工体制台帳の写しを提出するなど、施工体制の適正化に関する事項が義務付けられています。

● 指針ではどんなことが規定されているのか

　上記の「各発注者が取り組むべきガイドライン」として「公共工事の入札及び契約の適正化を図るための措置に関する指針」（適正化指針）が閣議決定されています。その概要は次ページ図のとおりです。

● 入札契約適正化法では建設業法の特例が定められている

　入札契約適正化法は、公共工事における入札制度の透明性向上と不正防止を目的として定められたため、次の2点について、建設業法の

■ 適正化指針の概要 ……………………………………………

1	入札・契約の過程と契約の内容の透明性の確保

- ①　入札・契約の過程と契約の内容に関する情報の公表
- ②　入札・契約の過程と契約の内容について学識経験者等の第三者の意見の適切な反映

2	入札に参加し、契約の相手方になろうとする者の公正な競争の促進

- ①　公正な競争の促進のための入札と契約の方法の改善
- ②　入札及び契約の過程に関する苦情の適切な処理

3	入札・契約からの談合その他の不正行為の排除の徹底

- ①　談合情報等への適切な対応
- ②　一括下請負等建設業法違反への適切な対応
- ③　不正行為の排除のための捜査機関等との連携
- ④　不正行為が起きた場合の厳正な対応
- ⑤　談合に対する発注者の関与の防止

4	請負代金の額によっては公共工事の適正な施工が通常見込まれない契約の締結の防止

- ①　適正な予定価格の設定
- ②　入札金額の内訳書の提出
- ③　低入札価格調査制度及び最低制限価格制度の活用
- ④　入札契約手続における発注者・受注者間の対等性の確保
- ⑤　低入札価格調査の基準価格等の公表時期

5	契約された公共工事の適正な施工の確保

- ①　公共工事の施工に必要な工期の確保
- ②　地域における公共工事の施工の時期の平準化
- ③　将来におけるより適切な入札と契約のための公共工事の施工状況の評価
- ④　適正な施工を確保するための発注者・受注者間の対等性の確保
- ⑤　施工体制の把握の徹底等
- ⑥　適正な施工の確保のための技能労働者の育成と確保

6	その他配慮すべき事項

- ①　不良・不適格業者の排除
- ②　入札・契約のIT化の推進等
- ③　各省各庁の長等相互の連絡、協調体制の強化
- ④　企業選定のための情報サービスの活用

特例として、厳しい措置がなされました。

① 一括下請負の全面禁止

　建設業法22条3項においては、一括下請負の禁止に対する例外規定として、「元請負人があらかじめ発注者の書面による承諾を得た場合」には、一括下請負の禁止は適用しないと定めており、発注者の事前の承諾があれば、一括下請負が可能になります。しかし、入札契約適正化法14条は、「公共工事については、建設業法22条3項の規定は、適用しない」と定めて、公共工事における一括下請負の全面禁止を明確にしています。

② 施工体制台帳の写しの提出義務

　上記①の措置は、不良・不適格業者を公共工事から排除する目的で規定されたものですが、公共工事における一括下請負の禁止を徹底するため、建設業法24条の8第3項に定める施工体制台帳の「閲覧」に関する規定の適用を排除し、発注者への施工体制台帳の提出を義務付けています（入札契約適正化法15条）。

● 現場点検ではどんなことをするのか

　入札契約適正化法16条では、公共工事の発注者は、工事現場の施工体制を適正なものとするため、当該工事現場の施工体制が施工体制台帳の記載に合致しているかどうかの点検その他の必要な措置を講じなければならないと定めています。

　この点検では、施工体制台帳に記載された下請業者を含めた建設業者等が実際に施工しているか、監理技術者等の配置・専任が適正に行われているか、元請・下請の施工範囲が施工体制台帳のとおりに行われているか、などが確認されます。その結果、不適切な施工体制と判明すれば、発注者から必要な措置を受けます。下請負人の変更を求められる場合や、契約を解除される場合、発注者から監督官庁に通知され、監督官庁から処分される場合もあります。

9 産業廃棄物処理業務について知っておこう

事業により発生する廃棄物に関する業務

◉ 産業廃棄物とは

　廃棄物処理法では、廃棄物を一般廃棄物と産業廃棄物に分類しています。そして、産業廃棄物は以下の2つに分けられ、産業廃棄物に該当しない廃棄物が一般廃棄物となります。

① 事業系廃棄物のうち政令で定められたもの

・すべての業種に共通するもの（燃え殻、汚泥、廃油、廃酸、廃アルカリ、廃プラスチック類、ゴムくず、ガラス・コンクリート・陶磁器くず、鉱さい、がれき類、ばいじん）

・特定の業種によるもの（紙くず、木くず、繊維くず、動植物性残渣、動物系固形不要物、動物の糞尿、動物の死体）

・上記の産業廃棄物を処分するために処理したもので、上記の産業廃棄物に該当しないもの

■ 廃棄物の分類 ·······································

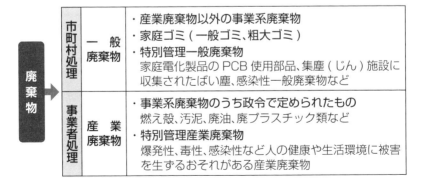

廃棄物	市町村処理	一般廃棄物	・産業廃棄物以外の事業系廃棄物 ・家庭ゴミ（一般ゴミ、粗大ゴミ） ・特別管理一般廃棄物 　家庭電化製品の PCB 使用部品、集塵（じん）施設に収集されたばい塵、感染性一般廃棄物など
	事業者処理	産業廃棄物	・事業系廃棄物のうち政令で定められたもの 　燃え殻、汚泥、廃油、廃プラスチック類など ・特別管理産業廃棄物 　爆発性、毒性、感染性など人の健康や生活環境に被害を生ずるおそれがある産業廃棄物

② 特別管理産業廃棄物

・爆発性・毒性・感染性など、人の健康や生活環境に被害を生ずるおそれがある性状を持っている産業廃棄物

◉ 廃棄物処理業の種類

廃棄物処理業を営むには許可が必要であり、一般廃棄物収集運搬業、一般廃棄物処分業、産業廃棄物収集運搬業、産業廃棄物処分業に分類されます。さらに、扱う産業廃棄物の種類によって、産業廃棄物収集運搬業は産業廃棄物収集運搬業と特別管理産業廃棄物収集運搬業に分かれ、産業廃棄物処分業は産業廃棄物処分業と特別管理産業廃棄物処分業に分かれます。

収集運搬業とは、排出業者から委託を受けた廃棄物を産業廃棄物処理施設まで運搬する業務で、積替保管を含まない場合と含む場合があります。「含まない」場合は、廃棄物の収集後、廃棄物処理施設まで直行運搬する業務です。「含む」場合は、収集した廃棄物を保管場所で保管し、一定量に達したときにまとめて運搬したり、途中で別の車に積み替えて廃棄物処理施設に運搬したりする業務です。

処分業とは、廃棄物の埋め立てなどの最終処分を行うことや、廃棄物をリサイクルする、廃棄物の容量を小さくする（焼却・減容・破砕・圧縮など）、最終処分の際に自然環境を汚染しないように廃棄物を安定化・無害化（焼却・中和など）するといった中間処理を行うことです。

◉ 建設廃棄物の排出事業者

建設工事（下請負人に行わせるものを含みます）に伴い生じる廃棄物（産業廃棄物か一般廃棄物かを問いません）のことを建設廃棄物といい、元請業者が排出事業者として建設廃棄物を適正に処理する責任を負います。また、建設廃棄物の処理や運搬を委託する場合は、委託基準に従って適正に行うことが必要です。

なお、下請負人が建設廃棄物の収集・運搬または処分の業務を行う場合には、前述した廃棄物の種類や行う業務に応じた廃棄物処理業の許可を取得している必要があり、かつ、元請業者からの適正な処理の委託が行われていなければなりません。たとえば、建設廃棄物が特別管理産業廃棄物に該当する場合、その運搬をするには特別管理産業廃棄物収集運搬業の許可を持っていることが必要です。

　ただし、解体工事・新築工事・増築工事以外の発注者からの元請金額500万円以下の建設工事（維持修繕工事など）であるなど、一定の条件に該当する場合は、下請負人の建設廃棄物とみなして、下請負人が収集運搬業の許可なく運搬できるという例外があります。この例外が適用されても、元請業者が排出事業者であることは変わらないため、処分業者への委託契約やマニフェストの交付などは元請業者が行わなければなりません。

● 排出された産業廃棄物はどうなる

　廃棄物を事業者が自ら処理しない場合は、収集運搬業者が回収し、処分業者による中間処理、最終処分の工程を経ます。その際、産業廃棄物の処理に関しては、不法投棄の防止を目的とするマニフェスト制度に従うことが義務付けられています。なお、マニフェスト制度に関する義務違反には罰則（1年以下の懲役または100万円以下の罰金）があります。

　マニフェスト制度とは、排出事業者が産業廃棄物の処理を委託する

■ 産業廃棄物処分の流れ ……………………………………………

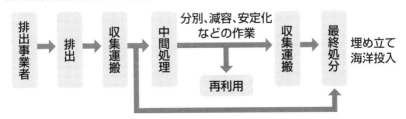

際に、マニフェスト（産業廃棄物管理票）に産業廃棄物の種類、数量、運搬業者名、処分業者名などを記入し、排出事業者から収集運搬業者へ、収集運搬業者から中間処理業者へ、産業廃棄物とともにマニフェストを渡しながら、処理の流れを確認するしくみです。それぞれの事業者の処理後に、排出事業者が各事業者から処理終了を記載したマニフェストを受け取ることで、委託内容通りに廃棄物が処理されたことの確認ができます。

　また、中間処理業者が最終処分業者へ中間処理をした産業廃棄物を引き渡すときも、新たなマニフェストを交付し、同様に最終処分されたことを確認することになります。

● 電子マニフェストの利用状況

　電子マニフェストは、マニフェスト情報を電子化し、情報処理センターを介してネットワークでやり取りするため、紙によるマニフェストに比べて、作業時間を大幅に短縮し、書類・業務処理を一括管理することができるというメリットがあります。また、入力フォーマットをすべて記載しなければ手続きが進まないため、記載漏れを防ぐことができ、処理の時期をアラート機能などによって把握することもできます。その他、マニフェスト交付等状況報告（産業廃棄物管理票交付等状況報告）を、情報処理センターが代行してくれます。

　ただし、導入コストを要する他、管理の体制・しくみづくりが煩雑になる場合があるため、少量の廃棄物を年に数種類しか出さないような事業者には敷居の高いのが実情です。これらを受けて、電子マニフェストについては、産業廃棄物の排出量が一定量以上の場合に限り、その使用が義務付けられています。

● 処理のための責任の所在と処理委託

　廃棄物処理法3条1項は、「事業者は、その事業活動に伴って生じ

た廃棄物を自らの責任において適正に処理しなければならない」と規定し、排出事業者に廃棄物の処理責任があるとしています。これを排出事業者責任といい、廃棄物の処理に関する重要な原則です。

自ら排出した廃棄物のみを運搬する場合には、収集運搬業の許可が不要です。しかし、廃棄物を自ら処理しないときは、その処理を委託することになり、この場合は廃棄物処理業者との間で書面による契約の締結が必要です。排出事業者は、どのような種類の廃棄物を、どの程度の量を排出し、どのような処理を委託するのかといった内容をあらかじめ明らかにし、排出事業者責任をまっとうするために、廃棄物処理業者との間に適正な委託契約を結ばなければなりません。

廃棄物処理業者は、排出事業者との契約内容に従い、廃棄物の処理を行います。廃棄物処理委託契約には、5つの決まり事があります。

① **二者契約であること**

排出事業者は、収集運搬業者、処分業者のそれぞれとの間で契約を結びます。

② **書面で契約すること**

口頭ではなく、必ず書面で契約を締結します。

■ 電子マニュフェストの流れ ……………………………………

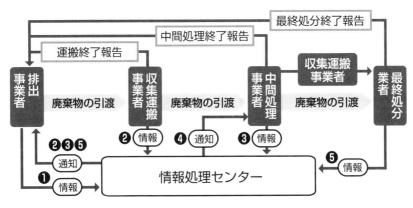

③ 契約書に記載が必要な条項（項目）を盛り込むこと

　契約書には、産業廃棄物の種類・数量、委託者が受託者に支払う料金、受託者の許可の事業の範囲、委託契約の有効期間など、記載しなければならない条項を必ず盛り込みます。記載しなければならない条項は、廃棄物処理法の施行令と施行規則が定めており（廃棄物処理法施行令6条の2第4号、廃棄物処理法施行規則8条の4の2）、記載が欠けている場合や、記載内容が実態と異なる場合は、処理委託基準違反となります（罰則の対象になります）。

④ 契約書に許可証等の写しが添付されていること

　契約内容に該当する許可証、再生利用認定証などの写しの添付が必要です。

⑤ 5年間保存すること

　排出事業者には、契約終了の日から5年間、契約書を保存する義務があります。

　契約締結の際には、一般廃棄物と産業廃棄物の違いの他、自らが扱う産業廃棄物が何に該当するのかを正確に把握し、その廃棄物を取り扱う許可を持った事業者に対し適正に廃棄物を委託しなければ、無許可行為になる可能性があります。収集運搬業者や処分業者だけでなく排出事業者も、無許可行為と認定されると罰則の対象になることに注意が必要です。

● グループ企業における廃棄物処理の特例

　前述したように廃棄物を自ら処理しない場合は、他者（受託者）に処理を委託することになりますが、廃棄物処理の受託者は許可が必要です。しかし、一定の要件を満たす場合には、自らが排出した廃棄物を別の法人が許可なく処理することが認められます。その際の主な要件として、完全親子会社であることと、廃棄物を処理する法人が環境省令で定める基準に適合することが挙げられます。

第4章

建設業と労働法務

労働者を採用した場合の手続きについて知っておこう

従業員を採用した場合には、資格取得の手続きをする

● 新しく社員を雇ったときの労働保険の手続き

　雇用保険は、採用した従業員の雇用形態や年齢、従業員と会社との間の雇用契約の内容によって、加入できるかどうか（被保険者となるかどうか）を判断します。

　110ページで解説しますが、雇用保険の被保険者資格には4種類あるため、採用する労働者が正規労働者でなくても以下の場合には被保険者としての手続きが必要になります。

・1週間の所定労働時間が20時間以上であり、31日以上雇用される見込みがある労働者（一般被保険者）

・4か月を超えて季節的に雇用される者（短期雇用特例被保険者）

・30日以内の期間を定めて日々雇用される者（日雇労働被保険者）

　従業員を採用したときに公共職業安定所に提出する書類は「雇用保険被保険者資格取得届」です。採用した日の翌月10日までに、管轄の公共職業安定所に届けます。添付書類は、①労働者名簿、②出勤簿（またはタイムカード）、③賃金台帳、④労働条件通知書（有期労働者の場合）、⑤雇用保険被保険者証（過去に雇用保険に加入したことがある者）です。

● 健康保険と厚生年金保険の手続き

　健康保険と厚生年金保険は、同時に手続きを行います。

・被保険者資格取得届の提出

　新しく従業員を採用した場合、「健康保険厚生年金保険被保険者資格取得届」を所轄年金事務所に提出します。健康保険組合がある会社については、その健康保険組合に提出します。

被保険者資格取得届には、マイナンバー、または基礎年金番号を記入します。採用した従業員がいずれの番号もわからない場合は、「基礎年金番号通知書再交付申請書」（年金手帳は令和4年3月に廃止）を取得届と同時に提出します。届出は、採用した日から5日以内に管轄の年金事務所に行います。

　ただ、以下の場合は被保険者となりません。

ⓐ　日々雇い入れられる者
ⓑ　2か月以内の期間を定めて使用される者
ⓒ　4か月以内の季節的業務に使用される者
ⓓ　臨時的事業の事業所に使用される者
ⓔ　短時間労働者（目安は1日・1週間の所定労働時間または1か月の所定労働日数が正社員の4分の3未満）

・被扶養者（異動）届の提出

　採用した従業員に被扶養者がある場合は、「健康保険被扶養者（異動）届」を提出して、被扶養者分の保険証の交付を受けます。

　なお、70歳以上の従業員は健康保険にだけ加入することになります。

■ 社員を採用した場合の各種届出 ⋯⋯⋯⋯⋯⋯⋯⋯⋯⋯⋯⋯

事　由	書類名	届出期限	提出先
社員を採用したとき（雇用保険）	雇用保険被保険者資格取得届	採用した日の翌月10日まで	所轄公共職業安定所
社員を採用したとき（社会保険）	健康保険厚生年金保険被保険者資格取得届	採用した日から5日以内	所轄年金事務所
採用した社員に被扶養者がいるとき（社会保険）	健康保険被扶養者（異動）届	資格取得届と同時提出	
労働保険料の申告（年度更新）	労働保険概算・確定保険料申告書	毎年6月1日から7月10日まで	所轄労働基準監督署
	確定保険料算定基礎賃金集計表		

労働者を雇用する建設業者はどんな書類を作成・保管するのか

就業規則や賃金台帳などの作成が義務付けられている

● どんな書類をどの程度保存する必要があるのか

労働者を雇用する使用者（会社）は、労働基準法をはじめとする法令に基づいて様々な書類を作成し、保管することが義務付けられています。具体的には、就業規則、寄宿舎規則、労働者名簿、賃金台帳、健康診断個人票などがあります。

これらの書類のうち、労働者名簿や賃金台帳は最低3年間保存しなければなりません。また、健康診断個人票などは最低5年間保存するよう義務付けられています。書類の様式は紙媒体の他、法令に規定された要件を満たしていれば電子データでもよいとされています。

● 適用事業報告などの書類届出についての注意点

工事現場など（事業場）は、労働者の使用を開始した時から労働基準法の適用事業場となります。このとき、適用事業場となったことを工事現場を管轄する労働基準監督署（所轄労働基準監督署長）に報告しなければなりません（適用事業報告）。工事現場ごとに、新たな事業が開始されるものとして報告する必要があります。

報告内容は、事業の種類、事業の名称、事業場所、労働者数（1人親方や派遣労働者などは含めない）、工期などです。適用事業報告を作成する際には、決められた様式（様式第23号の2、103ページ）を使用し、原則として適用事業場となった後、遅滞なく所轄労働基準監督署長に報告するよう義務付けられています（労働基準法104条の2、労働基準法施行規則57条）。

● 労働基準監督署の調査が入る場合がある

労働基準監督署は、会社が労働基準法などの法律に基づいて、労働者の労働条件を確保し、違反がある場合には改善の指導を行う行政機関です。また、安全衛生に関する指導や労災保険の給付を行うのも労働基準監督署です。労働基準監督署が、労働者から相談を受け、会社の業務遂行体制に業務遂行体制に違法行為（労働基準法、労働安全衛生法など）があると判断した場合には、労働基準監督署による調査が行われます。

調査対象となる主な法律は労働基準法や労働安全衛生法です。労働基準監督署が労働調査に入る際には、調査に必要な書類を開示するよう求められます。その対象となる書類として、労働者名簿・出勤簿・タイムカードなど労働時間を管理する書類、賃金台帳、就業規則、健康診断個人票、労働者が有する資格を証明する書類などがあります。

● 調査や指導にはどんなものがあるのか

労働基準監督署が行う調査の手法には、「呼び出し調査」と「臨検監督」の2つがあります。

呼び出し調査とは、事業所の代表者を労働基準監督署に呼び出して行う調査です。事業主宛に日時と場所を指定した通知書が送付されると、事業主は労働者名簿や就業規則、出勤簿、賃金台帳、健康診断結果票など指定された資料を持参の上、調査を受けることになります。

臨検監督とは、労働基準監督署が事業所へ出向いて立入調査を行うことで、事前に調査日時を記した通知が送付されることもあれば、長時間労働の実態を把握するために、夜間に突然訪れることもあります。

この他、調査が行われる理由の主なものとして、「定期監督」と「申告監督」があります。**定期監督**とは、調査を行う労働基準監督署が管内の事業所の状況を検討した上で、対象となる事業場を選定して定期的に実施する調査のことです。**申告監督**とは、事業主に法令違反

の実態がある場合に、労働者が労働基準監督署に申告を行い、申告監督が実施される可能性がある調査のことです。

　これらの調査の結果、労働基準法や労働安全衛生法などに違反している事実を発見した場合、**是正勧告書**によって指導がなされます。事業主はその内容に基づいて、改善に向けた具体的な方策を検討する必要があります。是正勧告書に法的強制力はありませんが、是正勧告に従わずにいると、再監督（是正勧告書の期日までに報告書が提出されず、改善の意思が見られない事業場に対し、改めて調査を行うこと）が行われる可能性があります。再監督の結果、法令違反が認められれば、会社や代表者が書類送検（場合によっては起訴）に至ることになりかねませんので、是正勧告には速やかに応じる方がよいでしょう。

　なお、労働基準監督署が行う調査において是正勧告を受け、書面を交付された場合、最低でも３年間は保管しておく必要があります。その際、勧告によってどのように是正したかを報告する書類についても、一緒に保管しておきましょう。

■ 労働基準監督署が行う調査・指導の流れ　……………………

呼び出し調査	臨検監督	定期監督

↓

労働基準法・労働安全衛生法などに違反する事実の発覚

↓

是正勧告書による指導

指導に従い実態を改善	指導を無視、是正せず

↓

再　監　督

↓

書類送検・起訴

様式第23号の2(第57条関係)

適用事業報告

事業の種類	事業の名称	事業の所在地(電話番号)
建築事業	株式会社○○建設	東京都○○区○○×ー× 電話 ○○○○(○○)○○○○番

労働者数	種別		満18歳以上	満15歳以上満18歳未満	満15歳未満	計
通勤者	男		11人( )	( )	( )	11人( )
	女		4人( )	( )	( )	4人( )
	計		15人( )	( )	( )	15人( )
寄宿者	男		10人( )	( )	( )	10人( )
	女		0人( )	( )	( )	0人( )
	計		10人( )	( )	( )	10人( )
総計			25人( )	( )	( )	25人( )

備　考　　　　　適用年月日　令和○年○月○日

令和○年○月○日

　○○ 労働基準監督署長　殿

使用者　職　名　株式会社○○建設
　　　　氏　名　代表取締役 佐藤一郎 ㊞

記載心得
1　坑内労働者を使用する場合は、労働者数の欄にその数を括弧して内書すること。
2　備考の欄には適用年月日を記入すること。

③ 労働者を雇用する場合の注意点について知っておこう

作業従事者の契約関係の確認は元請、下請にとって重要事項である

◉ 雇用関係の確認が重要

　建設業法は、建設工事の適正な施工を確保するために、工事現場ごとに、配置技術者（主任技術者または監理技術者）の設置を義務付けています。このうち主任技術者は、元請、下請の別に関係なく、工事現場ごとに配置しなければなりません（26条1項）。また、特定建設業者（37〜38ページ）が下請契約の合計4000万円以上（建築一式工事は6000万円以上）の建設工事を施工する場合は、主任技術者に代えて監理技術者を配置しなければなりません（26条2項）。

　さらに、配置技術者は建設業者と「直接かつ恒常的な雇用関係を有する」ものでなければなりませんから、出向者（親会社から連結子会社への出向者は除く）、派遣労働者、1つの工事期間のみの短期雇用者などを配置技術者に選任することは認められていません。

・JV（建設共同企業体）で使用する労働者の雇用関係

　JVを使用者（雇用主）とする雇用契約の締結ができないため、JVの代表会社が労働者と雇用契約を締結することになります。

　一方、派遣労働者を使用する場合、JVは派遣会社と労働者派遣契約を締結することができます。ただし、建設業務（土木、建築その他工作物の建設・改造・保存・修理・変更・破壊や解体の作業、またはこれらの準備作業に直接関わる業務）に関しては、労働者派遣が禁止されていることに注意を要します（労働者派遣法4条1項2号）。建設工事に関係するもので労働者派遣が可能な業務は、現場事務所での事務員、調理業務、設計業務、測量業務、施工管理業務（現場監督）などに限られ、工事作業を伴う業務には労働者派遣が利用できません。

・請負契約による一人親方との関係

　建設業において作業に従事する者には、雇用契約に基づくものや請負契約に基づくものなどが存在します。後者にあたるものとして、いわゆる一人親方（従業員がいない事業主）があります。

　両者は、下図のように法的な取扱いが異なるため、十分注意が必要です。使用者がその違いを理解せずに作業に従事させていると、作業中の事故により一人親方が死傷した場合など、労災適用や損害賠償請求をめぐってトラブルが生じることがあります。また、請負契約により一人親方が現場監督を行う場合など、元請業者との指揮命令関係から偽装請負に該当すると判断される可能性があり、みなし労働者と認定された場合、労災保険の適用があります。

　一人親方については請負契約を締結しているため、労働基準法上の労働者に該当せず、労災保険の適用がありません。しかし、一人親方が労災保険に加入できる「一人親方労災保険特別加入制度」（一人親方労災保険）が設けられています。これに加入していること（未加入であれば加入すること）を条件に請負契約を締結すべきでしょう。

■ 雇用契約に基づく労働者と請負契約の一人親方の違い ………

雇用契約に基づく労働者	請負契約の一人親方の場合
労働基準法上の労働者	労働基準法上の労働者ではない
使用者の指揮命令を受ける	注文者の指揮命令を受けず、大幅な裁量が与えられている
使用者の指揮監督下にある労働時間により「賃金」が支払われる	労働時間ではなく、仕事の完成をもって「報酬」が支払われる
工具類等は使用者が用意し、会社負担	工具類等は本人が用意し、本人負担
労災保険の適用がある	労災保険の適用がない（特別加入は可能）
労働者名簿、出勤簿、賃金台帳の作成 毎月１回以上の賃金支払 健康診断を受診させる義務あり	注文の都度、請負契約を締結 報酬の支払いは契約条件による 健康診断を受診させる義務なし

Q 雇用管理責任者の選任にあたってどのようなことに気をつければよいのでしょうか。

A 事業主（建設労働者を雇用して建設事業を行う者）は、建設事業を行う「事業所ごとに」、その「事業所において処理すべき事項を管理させるため」、雇用管理責任者を選任しなければなりません（建設労働者の雇用の改善等に関する法律5条1項）。

ここで、雇用管理責任者が行う「事業所において処理すべき事項」とは、以下の4つを指します。

① 建設労働者の募集、雇入れや配置に関すること
② 建設労働者の技能の向上に関すること
③ 建設労働者の職業生活上の環境の整備に関すること
④ その他建設労働者に係る雇用管理に関する事項で厚生労働省令で定めるもの

上記④の厚生労働省令で定めるものとは、「労働者名簿及び賃金台帳に関すること」と「労働者災害補償保険、雇用保険及び中小企業退職金共済制度その他建設労働者の福利厚生に関すること」です。

このように、事業主から選任され、建設事業を行う事業所の上記①〜④の事項を管理、処理する者が「雇用管理責任者」で、事業所ごとに必置の人員となっています。

事業主は、雇用管理責任者を選任したときは、届出の必要はありませんが、その雇用管理責任者の氏名を事業所に掲示あるいは名札、腕章などにより、事業所の労働者に周知させるように努めなければなりません（5条2項）。

また、事業主は、雇用管理責任者に必要な研修等を受けさせ、上記①〜④に関する知識の習得及び向上を図るように努めなければならないとされています（5条3項）。

4 社会保険・労働保険への加入について知っておこう

正社員以外でも社会保険・労働保険の対象になるケースはある

● 社会保険への加入

　社会保険（健康保険、厚生年金保険など）や労働保険（労災保険と雇用保険）の制度に加入することができるのは、会社の常用労働者（正社員）だけではありません。適用事業所に勤務する労働者のうち、健康保険や厚生年金保険に強制的に加入することになるのは、「常用雇用されている」と判断される人です。常用雇用か否かは、単に肩書きが正社員であるかどうかで単純に決定するわけではありません。判断基準としては、①一週間の労働時間が正社員の４分の３以上、②１か月の労働日数が正社員の４分の３以上、の２つが挙げられます。この両方の要件を充たす労働者が「常用雇用」とみなされます。

　ただ、これは一応の目安です。この要件を充たしていなくても職務の内容などによっては常用雇用として扱われることもあります。

　このように、現在のところ、「勤務時間と勤務日数の概ね４分の３」

■ 非正規労働者と労働保険・社会保険の適用 ……………………

保険の種類		加入するための要件
労働保険	労災保険	なし（無条件で加入できる）
	雇用保険	31日以上引き続いて雇用される見込みがあり、かつ、1週間の労働時間が20時間以上であること
社会保険	健康保険	1週間の所定労働時間および1か月の所定労働日数が正社員の4分の3以上であること
	厚生年金保険	※従業員数が常時501人以上（令和4年10月からは101〜500人、令和6年10月からは51〜100人の企業も追加）の企業では加入条件が緩和されている（本文参照）

が社会保険への加入基準となっています。なお、令和4年10月からは従業員数が常時101〜500人の企業で、令和6年10月からは51〜100人の企業で、①週20時間以上30時間未満、②月額賃金8.8万円以上（年収106万円以上）、③勤務期間2か月超が見込まれる、のすべてを充たす労働者（学生は除く）も社会保険の加入対象に追加されます。

◉ 日雇労働者に適用される健康保険

日雇労働者とは、その日ごとに労働関係を清算する特殊な労働形態を常態とする労働者です。

健康保険では日々雇われる者について、短期雇用者という性質上、保険料の徴収や保険給付に関し、一般被保険者と異なるしくみをとっています。そのため、適用事業所で働く場合であっても一般被保険者としては扱いません。強制適用事業所や任意包括適用事業所で働くことになった日雇労働者は、健康保険上、一般の被保険者とは異なる日雇特例被保険者として扱われます。適用事業所以外の事業所で働く場合は日雇特例被保険者にはなりません。

日雇特例被保険者の受けることができる保険給付は、基本的には一般の被保険者が受ける保険給付の内容とほぼ同じです（次ページ図）が、特別療養費については日雇特例被保険者だけの給付です。特別療養費は、初めて日雇特例被保険者になった者が療養の給付の受給要件を満たせないことに対する救済措置としての給付です。

◉ 労働保険への加入

以下のような場合に雇用する労働者が被保険者となります。

・労災保険

労災保険は、業務上の災害や通勤時の災害などによって労働者がケガをしたり、死亡した場合に、療養の給付や遺族給付などの給付を行う制度です。事業所に1人でも雇用していれば、原則として労災保険

の適用事業所として扱われ、加入が義務付けられます。また、その事業所に勤務する労働者であれば、短期間のアルバイトであっても労災保険の適用を受けることができます。

・雇用保険

　雇用保険は、1人でも従業員を雇用している事業所であれば原則として加入しなければなりません。雇用保険の被保険者には一般被保険者、高年齢被保険者、短期雇用特例被保険者、日雇労働被保険者の4つがあります。常用の労働者であれば一般被保険者として扱われることになりますが、建設現場で日々雇用される者は日雇労働被保険者として扱われます。なお、1週間の労働時間が20時間未満の者など、一定の者は雇用保険の被保険者とは扱われません。

● 労働保険の手続きと事業の種類

　労働保険のうち労災保険では、事業の内容によって継続事業と有期事業の2つに分けられています。**継続事業**とは通常の事業所のように期間が予定されていない事業をいいます。一方、**有期事業**とは、建設

■ 日雇特例被保険者に対する保険給付の種類 ⋯⋯⋯⋯⋯⋯⋯⋯

	被保険者	被扶養者
傷病	療養の給付 入院時食事療養費 入院時生活療養費 保険外併用療養費 療養費	家族療養費
	訪問看護療養費	家族訪問看護療養費
	移送費	家族移送費
	傷病手当金	
死亡	埋葬料（費）	家族埋葬料
分娩（出産）	出産育児一時金	家族出産育児一時金
	出産手当金	
その他	特別療養費、高額療養費、高額介護合算療養費	

の事業や林業の事業のように、一定の予定期間に所定の事業目的を達成して終了する事業をいいます。継続事業と有期事業は労働保険料の申告書なども異なります。

　また、労災保険と雇用保険は、保険給付については、労災保険の制度と雇用保険の制度でそれぞれ別個に行われていますが、保険料の申告・納付は、原則として2つの保険が一緒に取り扱われます。このように、雇用保険と労災保険の申告・納付が一緒に行われる事業のことを**一元適用事業**といい、多くの事業が一元適用事業に該当します。

　ただ、労災保険と雇用保険のしくみの違いなどから、事業内容によっては両者を個別の保険関係として取り扱う事業があります。これを**二元適用事業**といいます。建設業は二元適用事業に該当します。

● 労働保険への加入手続きと年度更新

　二元適用事業の場合、労災保険の手続きについては、「労働保険保険関係成立届」を管轄の労働基準監督署に提出します。そして、その年度分の労働保険料（労災保険分）を概算保険料として申告・納付することになります。一方、雇用保険の手続きについては、管轄の公共職業安定所に「労働保険保険関係成立届」を提出します。控えの写しの提出ではない点が一元適用事業の場合と異なります。同時に「適用事業所設置届」と「被保険者資格取得届」も提出します。そして、都道府県労働局へその年度分の労働保険料（雇用保険分）を概算保険料として申告・納付します。

　労働保険の保険料は、年度当初に1年分を概算で計算して申告・納付し、翌年度に確定申告する際に精算する方法をとっています。事業主は、前年度の確定保険料と当年度の概算保険料をあわせて申告・納付することになります。この手続を**年度更新**といい、毎年6月1日から7月10日までの間に行うことになっています。二元適用事業の場合、労働保険料のうち労災保険分を労働基準監督署に、雇用保険分を都道

府県労働局にそれぞれ申告・納付することになります。

　有期事業については、事業の全期間が6か月を超え、かつ概算保険料の額が75万円以上となる場合に分割納付が認められます。この分割納付のことを延納といいます。有期事業が延納する場合の各期の保険料の納期限は下図のとおりです。

◉ 労災保険に限り、賃金総額の特例で計算できることもある

　労働保険料は、事業主が1年間に労働者に支払う賃金の総額（見込み額）に保険料率（労災保険率と雇用保険率をあわせた率）を掛けて算出した額になります。

　ただし、請負による建設の事業で、賃金総額を正確に計算することが難しい場合、労災保険の保険料の額の算定に限って特例によって賃金総額を計算することが認められています。

　特例を利用する場合、請負による建設の事業の賃金総額は、請負金額に労務費率を掛けて計算します。請負金額とは請負代金の額そのものではなく、注文者から支給を受けた工事用の資材または貸与された機械器具等の価額相当額を加算します。ただし、請負による建設の事業であっても、賃金の算定ができる場合は特例によらず、原則通り実際に労働者に支払う賃金の総額により保険料を計算します。

■ 有期事業の概算保険料の納付と延納 ……………………………

【原則】➡ 保険関係が成立した日から20日以内に納付する

●延納する場合の納期限

最初の期分の概算保険料	4月1日から7月31日までの期分の概算保険料	8月1日から11月30日までの期分の概算保険料	12月1日から翌年3月31日までの期分の概算保険料
保険関係成立の日の翌日から起算して20日以内に納付	3月31日までに納付	10月31日までに納付	翌年1月31日までに納付

Q 労災保険にはどんな給付があるのでしょうか。

A 労働者災害補償保険（労災保険）の給付は、業務災害と通勤災害の２つに分かれています。業務災害と通勤災害は、給付の内容は基本的に変わりません。しかし、給付を受けるための手続きで使用する各提出書類の種類が異なります。業務災害の保険給付と通勤災害の保険給付の内容は下図のとおりです。

なお、休業補償給付と休業給付は、療養のため休業をした日から３日間は支給されません（待期期間）。しかし、業務災害の場合、労働基準法によって事業主に補償義務があるため、待機期間の３日分は使用者が労働者に対して休業補償をしなければなりません。これに対して、通勤災害の場合、待期期間の３日分について、使用者は補償の必要がありません。

■ 労災保険の給付内容 …………………………………………

目的	労働基準法の災害補償では十分な補償が行われない場合に国（政府）が管掌する労災保険に加入してもらい使用者の共同負担によって補償がより確実に行われるようにする	
対象	業務災害と通勤災害	
業務災害（通勤災害）給付の種類	療養補償給付(療養給付)	病院に入院・通院した場合の費用
	休業補償給付(休業給付)	療養のために仕事をする事ができず給料をもらえない場合の補償
	障害補償給付(障害給付)	身体に障害がある場合に障害の程度に応じて補償
	遺族補償給付(遺族給付)	労災で死亡した場合に遺族に対して支払われるもの
	葬祭料(葬祭給付)	葬儀を行う人に対して支払われるもの
	傷病補償年金(傷病年金)	治療が長引き１年６か月経っても治らなかった場合に年金の形式で支給
	介護補償給付(介護給付)	介護を要する被災労働者に対して支払われるもの
	二次健康診断等給付	二次健康診断や特定保健指導を受ける労働者に支払われるもの

Q 傷病手当金を受けることができるケースについて教えてください。

A 疾患などで労災と認められれば、労災保険から補償を受けることになりますが、事業主として労災の証明に署名できないような場合には、労働者に健康保険の制度を利用してもらう場合があります。業務外の病気やケガで働くことができない場合に、労働者が生活費として受給することができる給付が**傷病手当金**です。

　傷病手当金の給付を受けるためには、療養のために働けなくなり、その結果、連続して3日以上休んでいたことが要件になります。「療養のため」とは、療養の給付を受けたという意味ではなく、自分で病気やケガの療養を行った場合も含みます。「働くことができない」状態とは、病気やケガをする前にやっていた仕事ができないことを指します。軽い仕事だけならできるが以前のような仕事はできないという場合も、働くことができない状態にあたります。

　傷病手当金を受給する場合、被保険者が必要事項を記入し、事業主の証明を得た上で傷病手当金支給申請書を提出します。提出先は、事業所を管轄する全国健康保険協会の都道府県支部または会社の健康保険組合です。

　傷病手当金の支給額は、1日につき標準報酬日額の3分の2相当額です。ただし、会社などから賃金の一部が支払われたときは、傷病手当金と支払われた賃金との差額が支払われます。

　標準報酬日額とは、標準報酬月額の30分の1の額です。また、傷病手当金の支給期間は令和4年1月の改正により、出勤した日は1年6か月には含めず、欠勤した日を通算して1年6か月の支給期間になります。これは、支給を開始した日からの暦日数で数えます。1年6か月間のうち、実際に傷病手当金が支給されるのは労務不能による休業が終わるまでの期間です。

Q 現場には日雇労働者も多くいるのですが、保険料の納付方法など、雇用保険の取扱いは異なるのでしょうか。

A 雇用保険の制度に加入することになる者（被保険者）には、一般被保険者、高年齢被保険者、短期雇用特例被保険者、日雇労働被保険者の4種類があります（109ページ）。

日雇労働者とは日々雇い入れられる者や30日以内の短い期間を定めて雇用される者のことです。つまり、従業員が日雇いだからと言って「雇用保険に加入させる必要がない」ということにはなりません。

ただし、一般の正規従業員が継続雇用を前提としているのに対し、日雇労働被保険者は「日雇い」という、一般の正規従業員とは異なる労働条件で働いていることから、雇用保険料の納付については一般被保険者とは異なるしくみとなっています。

具体的には、一般の雇用保険料の他に、印紙による保険料が徴収されます。印紙保険料の納付は、事業主が日雇労働被保険者に交付された日雇労働被保険者手帳に雇用保険印紙を貼り、それに消印することによって行います。印紙保険料の納付は、日雇労働被保険者に賃金を支払うたびに行わなければなりません。

印紙保険料は3種類の定額になっていて、日雇労働被保険者に賃金を支払う際に、雇用保険印紙によって納付することになります。印紙保険料の額は、日雇労働被保険者に支払う賃金日額に応じて、第1級から第3級までの3種類（第1級が176円、第2級が146円、第3級が96円）に分かれています。この印紙保険料は事業主と日雇労働被保険者が折半して負担します。

日雇労働被保険者が失業した場合には、雇用保険から日雇労働求職者給付金が支給されますが、日雇労働求職者給付金の受給資格や受給額は納付した印紙の枚数と額が基準となります。従業員にとっては重要な事項ですので、事業主は管理を怠らないようにしましょう。

Q 健康保険の日雇特例被保険者の保険料の徴収手続きはどのようなしくみになっているのでしょうか。

A 日雇労働者が強制適用事業所や任意包括適用事業所で使用される場合、健康保険の日雇特例被保険者になります。

下図の①〜⑤のいずれかに該当する日雇労働者は、厚生労働大臣の承認（実務上は年金事務所長等の承認）を得て日雇特例被保険者にならないでいることもできます。

日雇特例被保険者の保険料は、日雇特例被保険者手帳に健康保険印紙を貼付し、これに事業主が消印することによって納付します。手帳は使用された日ごとに事業主に提出し、貼付・消印する必要があります。日雇特例被保険者はこの手帳によって、保険料の納付実績を証明し、健康保険の給付の受給資格を充たすかどうかの判定を受けます。

具体的には、①初めて療養の給付を受ける日の属する月より前の2か月間に通算して26日分以上の保険料を納付していること、②初めて療養の給付を受ける日の属する月より前の6か月間に通算して78日分以上の保険料を納付していること、の要件のいずれかを充たした場合に保険給付の受給が認められます。

■ 日雇特例被保険者にならない者（厚生労働大臣の承認が必要）

①	適用事業所で引き続き2か月間に通算して26日以上使用される見込みのないことが明らかなとき
②	任意継続被保険者であるとき
③	農業、漁業、商業等、他に本業がある者が臨時に日雇労働者として使用されるとき
④	大学生などが夏休みや春休みなどに臨時にアルバイトとして使用される場合
⑤	主婦などの健康保険の被扶養者が日雇労働や短期間の労働に従事するとき

労働時間や休憩・休日のルールはどうなっているのか

週40時間、1日8時間の労働時間が大原則である

● 週40時間・1日8時間の法定労働時間

　使用者は、たとえ繁忙期であるとしても、労働者に対して無制限に労働を命じることはできません。労働基準法には、法定労働時間（週40時間、1日8時間）を超えて労働者を働かせてはならないという原則があります。違反者には刑事罰（6か月以下の懲役または30万円以下の罰金）が科される場合があります。また、主として送検された段階で、厚生労働省が「労働基準関係法令違反に係る公表事案」として企業名をホームページで公表する場合もあります。

　労働時間は休憩時間を除外して計算しますが、休憩時間についても労働基準法に定めがあります。使用者は、労働者に対し、労働時間が6時間を超える場合は45分以上、8時間を超える場合は1時間以上の休憩時間を、労働時間の途中に、一斉に与えなければなりません。多くの職場では休憩時間を昼食時に設定しています。一斉に与えなければならない（一斉付与の原則）としているのは、バラバラに休憩を与えることで、休憩時間が短くなる（もしくは休憩時間が取れない）労働者が出ることを防ぐためです。ただし、一斉付与の原則の例外として、労使協定の締結により一斉に与えなくてもよくなる他、旅客運送業・商業・金融業・郵便業・通信業・保健衛生業・接客娯楽業など、一斉に与えなくてもよい業種が比較的幅広く定められています。

　また、労働者が労働から完全に解放されることを保障するため、休憩時間中は労働者を拘束してはならず、自由に利用させなければなりません（自由利用の原則）。

●「働き方改革法」との関係

　長らく労働法制には、長時間労働の是正策と、多様な働き方に関する法制化が求められてきました。2018年（平成30年）に「働き方改革法」が成立し、長時間労働の是正策については2019年（平成31年）4月から、多様な働き方に関する事項については2020年（令和2年）4月から、それぞれ施行されています。

　長時間労働の是正策として、たとえば、「労働時間等の設定の改善に関する特別措置法」の改正により、労働者の健康で充実した生活を実現する観点から、使用者（事業主）は、前日の終業時刻と翌日の始業時刻との間に一定時間の休息を労働者のために設定するように努めることが明記されました（勤務間インターバル制度の普及促進）。

　また、労働基準法改正では、長時間労働の是正策として、罰則付きの時間外労働の上限規制などが設けられました（22ページ）。

■ 勤務間インターバルとは ……………………………………

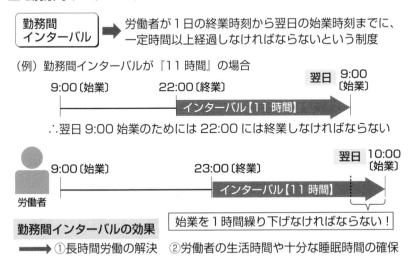

勤務間インターバル ➡ 労働者が1日の終業時刻から翌日の始業時刻までに、一定時間以上経過しなければならないという制度

（例）勤務間インターバルが『11時間』の場合

9:00〔始業〕　　22:00〔終業〕　　　　翌日 9:00〔始業〕

インターバル【11時間】

∴翌日 9:00 始業のためには 22:00 には終業しなければならない

労働者　9:00〔始業〕　　23:00〔終業〕　　翌日 10:00〔始業〕

インターバル【11時間】

始業を1時間繰り下げなければならない！

勤務間インターバルの効果
➡ ①長時間労働の解決　②労働者の生活時間や十分な睡眠時間の確保

● 法定内残業と時間外労働

　使用者は法定労働時間を守らなければなりません。しかし、災害などの臨時の必要性があり許可を得ている場合や、三六協定の締結・届出がある場合には、例外的に法定労働時間を超えて労働者を業務に従事させることができます。法定労働時間を超える労働を時間外労働といい、時間外労働に対しては割増賃金を支払う義務を負います。

　もっとも、就業規則で定められた終業時刻後の労働のすべてが時間外労働になるとは限りません。たとえば、就業規則で9時始業、17時終業、昼休み1時間と定められている場合、労働時間は7時間ですから18時まで「残業」しても8時間の枠は超えておらず、時間外労働にはなりません。この場合の「残業」を法定内残業といいます。法定内残業は時間外労働ではないため、使用者は割増賃金ではなく、通常の賃金を支払えばよいわけですが、法定内残業について使用者が割増賃金を支払うことも可能です。

　さらに、働き方改革法に伴う労働基準法改正により、原則として月45時間、年360時間という時間外労働の上限（限度時間）が明示されました。ただし、特別条項付き協定により、これらより長い時間外労働の上限を定めることが可能です。その場合であっても、①年720時間以内、②月45時間を超える月数は1年に6か月以内、③月100時間未満、④2〜6か月の平均が月80時間以内、という規制に従わなければなりません。③④については、時間外労働と休日労働の合計で計算することに注意を要します。

● 罰則による長時間労働規制の導入

　2018年（平成30年）成立の労働基準法改正で、三六協定や特別条項付き三六協定を締結したとしても、①有害業務（有毒ガスが発生するような場所での業務など）の時間外労働が1日につき2時間を超えないこと、②時間外・休日労働が1か月につき100時間を超えないこと、

③2〜6か月の時間外・休日労働を平均して1か月につき80時間を超えないこと、をすべて満たすように労働させることを使用者に義務付けました。

さらに、①〜③の1つでも満たさないとき、つまり労働基準法違反の長時間労働をさせたときは、刑事罰の対象となることも明記しました。

原則として、建設業については、2024年（令和6年）まで罰則の適用が猶予されていましたが、2024年（令和6年）以降は災害復旧・復興事業以外の建設業についても時間外労働が上限を超えた場合、刑事罰の対象となります。

● 毎週1日の休日が原則・法定休日の労働は原則禁止

労働基準法では、使用者は、労働者に対して、毎週少なくとも1日の休日を与えなければならないと定めています。この毎週1日の休日を法定休日といい、それ以外の休日を所定休日といいます。労働基準

■ 特別条項付協定 ·······························

 原則　三六協定に基づく時間外労働の限度時間は
月45時間・年360時間

1年につき6か月を上限として限度時間を超えた
時間外・休日労働の時間を設定できる

特別条項付き協定

【特別な事情（一時的・突発的な臨時の事情）】
が必要
① 予算・決算業務
② ボーナス商戦に伴う業務の繁忙
③ 納期がひっ迫している場合
④ 大規模なクレームへの対応が必要な場合

【長時間労働の抑止】
※1か月につき100時間
未満で時間外・休日労働
をさせることができる時
間を設定
※1年につき720時間以
内で時間外労働をさせる
ことができる時間を設定

法では、法定休日の曜日を指定していませんが、就業規則の中で曜日などを決めて法定休日とするのが望ましいといえます。

ただし、法定休日については、使用者が労働者に毎週1日以上の休日を与えるのではなく、4週を通じて4日以上の休日を与えるとする制度を採用することもできます。これを変形週休制といいます。

そして、法定休日の労働を休日労働といい、災害などの臨時の必要性があり許可を得ている場合や、三六協定の締結・届出がある場合を除いて、休日労働は原則禁止されています。「毎週1日」または「4週で4日」の法定休日は、労働者が人間らしい生活をするために最低限必要なものといえるからです。

なお、週休2日制を採用している場合、2日の休みのうち1日は法定休日ではなく所定休日ですから、所定休日とされる日に労働させても休日労働には該当しません（時間外労働に該当する場合はあります）。

● 休暇とは

労働者の申し出により労働が免除される日を休暇といいます。たとえば、慶弔休暇、夏期休暇、年末年始休暇などです。取得できる休暇は就業規則などで定めます。労働基準法が規定する休暇は「年次有給休暇」です。年休もしくは有休とも呼ばれています。

働き方改革法に伴う労働基準法改正により、2019年（平成31年）4月以降、年10日以上の年休が付与される労働者に対し、使用者は、年5日以上の年休を取得させることが義務化されています。

● 振替休日や代休とは何か

使用者が労働者に休日労働をさせた場合、使用者は35％以上の割増率を加えた割増賃金の支払いが必要ですが、その際に振替休日と代休の区別が重要になります。**振替休日**とは、就業規則などで法定休日が決まっている場合に、事前に法定休日を他の労働日と入れ替え、代わ

りに他の労働日を法定休日とすることです。

　一方、**代休**とは、法定休日に労働させたことが前提で、使用者がその労働の代償として事後に与える休日のことです。この場合、使用者には法定休日の労働に対して割増賃金の支払義務が生じます。

　たとえば、使用者と労働者との間で、日曜日を出勤日にする代わりに木曜日を法定休日にする、という休日の交換を事前に取り決めていたとします。この場合、交換後の休日になる木曜日が「振替休日」となります。そして、出勤日になる日曜日は通常の労働日と同じものと扱われますので、通常の賃金が支払われます（時間外労働に該当する場合はその分の割増賃金は必要です）。たとえば、1時間あたり1000円の労働者Aが8時間労働した場合、「1000円× 8時間＝8000円」の賃金が支払われます。一方、木曜日は本来の法定休日であった日曜日との交換されていますので、賃金は発生しません。

　これに対し、事前の休日の交換なく日曜日に出勤して、代わりに木曜日が休日になった場合、日曜日の労働は休日労働として割増賃金（35％増）が支払われます。たとえば、上記の労働者Aの場合は、「1000円× 8時間×1.35＝10800円」が支払われます。一方、日曜日の労働の「代休」となる木曜日は、賃金が支払われません（ノーワークノーペイの原則）。

● 振替休日にするための要件

　休日を入れ替えた日を振替休日にするには、①就業規則などに「業務上必要が生じたときには、休日を他の日に振り替えることがある」という規定を設けること、②事前に休日を振り替える日を特定しておくこと、③遅くとも前日の勤務時間終了までに当該労働者に通知しておくこと、という要件を満たすことが必要です。さらに1週1日または4週4日の法定休日が確保されていることも必要です。

Q 作業現場の監督者にはある程度裁量を与えているのですが、このような労働者にも残業代の支払いが必要でしょうか。

A 一般的に管理職には残業手当がつかないと言われていますが、正しくは「労働基準法でいう管理職（管理監督者）」に対しては、残業手当がつかないということになります。それは、「事業の種類にかかわらず監督若しくは管理の地位にある者または機密の事務を取り扱う者には労働基準法の労働時間、休憩及び休日に関する規定を適用しない」と労働基準法で定められているからです（41条2号）。

もっとも、社内の資格や職位上の役職者が、労働基準法でいう「管理監督者」になるというわけではありません。名目だけの管理職（名ばかり管理職）も多く、単に管理職のポストにある人のすべてが「労働基準法の労働時間などの規制を受けない」というわけではないのです。労働基準法で定める「監督若しくは管理の地位にある者又は機密の事務を取り扱う者」にあたるかどうかは、形式的な役職の名称によるのではなく、実際の職務内容、責任と権限、勤務態様がどうであるかという点で判断する必要があります。

具体的には、以下の条件を満たしている必要があります。

① 経営者と一体的立場で仕事をしていること
② 勤務時間について厳格な制限を受けていないこと
③ 地位にふさわしい待遇（給与）であること

質問のケースでは、「作業現場の監督者にはある程度裁量を与えている」とのことですが、上記①〜③の点から判断して名目だけでなく実態上も管理監督者であると認められれば、残業代の支払いは不要ということになります。なお、仮に労働基準法上の管理監督者に当たるとしても、深夜の時間帯（午後10時から午前5時）に労働させた分の深夜割増賃金の支払いは必要になりますから、必ず支払うようにしなければなりません。

6 解雇はどのように行うのか

解雇予告をしなければ原則として解雇できないが例外もある

◉ 解雇も辞職も退職の一形態

　労働契約が解消されるすべての場合を総称して退職といいます。つまり、辞職や解雇も退職の１つの形態といえます。辞職とは、契約期間中に労働者が一方的に労働契約を解除することです。無期雇用契約の労働者は２週間前に申し出れば辞職が可能です（民法627条１項）。

　退職とは、一般には辞職や解雇にあたるものを除く労働契約の終了を指すことが多いといえます。たとえば、①労働者の退職申入れを会社が承諾した（自己都合退職）、②定年に達した（定年退職）、③休職期間が終了しても休職理由が消滅しない（休職期間満了後の退職）、④労働者本人が死亡した、⑤長期の無断欠勤、⑥契約期間の満了（雇止め）という事情がある場合に退職の手続をとる会社が多いようです。

　退職に関する事項は、労働基準法89条３号により就業規則に必ず記載すべき事項と規定されていますが、その内容については、ある程度各会社の事情に合わせて決めることができます。

◉ 解雇には３種類ある

　解雇とは、契約期間中に会社が一方的に労働者との労働契約を解除することです。解雇の原因により、普通解雇、整理解雇、懲戒解雇などに分けられます。整理解雇とは、経営不振による合理化など経営上の理由に伴う人員整理のことで、リストラともいいます。懲戒解雇とは、たとえば従業員が会社の製品を盗んだ場合のように、会社の秩序に違反した者に対する懲戒処分としての解雇です。それ以外の解雇を普通解雇といいます。解雇については、客観的で合理的な理由がなく、

社会通念上の相当性がない解雇は「解雇権の濫用」として無効とされるので注意が必要です（労働契約法16条）。

その他、解雇については法律で様々な制限が規定されています。たとえば、労働者が業務上負傷し、または疾病にかかり療養のために休業する期間及びその後30日間は解雇が禁止されています（労働基準法19条）。その他にも、労働基準法、労働組合法、男女雇用機会均等法、育児・介護休業法などの法律により、労働基準監督署などに申告したことを理由とする解雇の禁止、育児・介護休業の申し出や取得を理由とする解雇の禁止など、解雇が禁止される場合が定められています。

また、解雇に関する事由は就業規則に必ず記載すべき事項とされている（労働基準法89条3号）ことから、解雇に関する定めが就業規則または雇用契約書にない場合、会社は解雇に関する規定を新たに置かない限り、労働者を解雇できないことに注意しなければなりません。

● 解雇予告手当を支払って即日解雇する方法もある

労働者を解雇しようとする場合、会社（使用者）は、原則として解雇の予定日から30日以上前に、その労働者に解雇することを予告（解雇予告）しなければなりません（労働基準法20条）。

しかし、常に解雇予告を必要とすると不都合な場合も出てきますので、労働者を速やかに解雇する方法も用意されています。それは、労働者を即時解雇する代わりに、30日分以上の平均賃金を解雇予告手当として支払う方法です。この方法をとれば、会社は解雇予告を行わずに労働者を即日解雇しても、労働基準法違反には問われません。

解雇予告手当は即日解雇する場合だけでなく、たとえば、業務の引き継ぎなどの関係で15日間は勤務してもらい、残りの15日分の解雇予告手当を支払う、といった方法をとることもできます。いずれの方法をとる際も、解雇予告手当を支払った場合には、必ず受け取った労働者に受領証を提出してもらうようにしましょう。

● 解雇予告が不要な社員

　会社（使用者）は、解雇予告をしなければ解雇できないのを原則としますが、次に挙げる労働者は、解雇予告や解雇予告手当の支払をすることなく解雇することができます（即時解雇が可能）。

①　雇い入れてから14日以内の試用期間中の労働者

②　日雇労働者

③　雇用期間を2か月以内に限る契約で雇用している労働者

④　季節的業務を行うために雇用期間を4か月以内に限る契約で雇用している労働者

　なお、①試用期間中の労働者を15日以上雇用してから解雇する場合には、解雇予告や解雇予告手当が必要になります。

● 解雇予告が不要になる場合

　以下のケースにおいて労働者を解雇する場合は、解雇予告や解雇予告手当の支払が不要とされています（即時解雇が可能）。

①　天災事変その他やむを得ない事由があって事業の継続ができなくなった場合

②　労働者に責任があって雇用契約を継続できない場合

　①の「やむを得ない事由」とは、工場・事業場が第三者の放火により焼失した場合や、震災や台風に伴う工場・事業場の倒壊・類焼により事業の継続が不可能になった場合などです。ただし、代表者などが経済法令違反のために逮捕・勾留され、または機械や資材を没収された場合や、税金の滞納処分を受けて事業廃止に至った場合は該当しません。また、「事業を継続することができなくなった場合」とは、事業の全部または大部分の継続が不可能となった場合をいい、事業の一部を縮小しなければならない場合は該当しません。

　②については、懲戒解雇事由にあたる問題社員（勤務態度、言動、能力に問題がある労働者）を解雇する場合などが該当します。具体

的には、重大な服務規律違反や背信行為（たとえば、事業場内で窃盗、横領、背任、傷害といった犯罪行為）を行った場合が該当します。

　ただし、①または②に該当しても、所轄労働基準監督署長の認定を受けていない場合には、原則どおり解雇予告や解雇予告手当の支払いが必要になります。労働者を解雇しようとする際、①に該当する場合は解雇制限除外認定申請書を、②に該当する場合は解雇予告除外認定申請書を、それぞれ管轄の労働基準監督署に提出した上で認定を受けて、はじめて①または②による即時解雇が可能になります。

● 解雇の通知は書面で行うようにする

　労働者の解雇は口頭で伝えても法的には有効ですが、後々の争いを避けるため、口頭に加えて書面でも解雇を通知すべきでしょう。解雇を通知する書面には「解雇予告通知書」（解雇を予告する場合）などの表題をつけ、解雇する労働者、解雇予定日、会社名と代表者名を記載した上で、解雇の理由を記載します。就業規則のある会社では、解雇の理由とともに解雇の根拠となる就業規則の条文を明記し、その労働者が具体的にどの条文に該当したのかを説明します。一方、即時解雇の通知は表題を「解雇通知書」などとし、解雇予告手当を支払った場合にはその事実と金額も記載します。

　以上のように、解雇（予告）通知書に詳細を記載しておくことで、仮に解雇された元労働者が解雇を不当なものであるとして訴訟を起こしても、解雇理由を明確に説明しやすくなります。なお、解雇した元労働者または解雇予告を受けた労働者（予告期間中の社員）から解雇理由証明書の交付を求められた場合は、解雇（予告）通知書を渡していたとしても、これを交付しなければなりません。

● 有期契約労働者の雇止めの取扱い

　雇用期間の定めがある労働者（有期契約労働者）との労働契約を期

間満了により終了させることを**雇止め**といいます。有期契約労働者の雇止めは契約期間中の一方的な契約の解除でないため、解雇には該当しません（退職のひとつとして扱われます）。

ただし、会社側の雇止めにまったく制限がないわけではなく、有期労働契約が継続して更新されており、有期労働契約を更新しないことが解雇と同視できる場合や、有期契約労働者が契約更新について合理的な期待をもっている場合には、原則として会社側の雇止めは認められません（労働契約法19条）。これを雇止め法理といいます。

また、厚生労働省の「有期労働契約の締結、更新及び雇止めに関する基準」で、有期労働契約が３回以上更新されているか、または１年を超えて継続して雇用されている労働者との有期労働契約を更新しない場合は、契約期間が満了する30日以上前までに予告をする必要があるとしています。労働基準監督署はこれに基づいて、使用者に対して必要な助言や指導を行っていることに注意しなければなりません。

なお、有期労働契約であっても、契約期間中に使用者が一方的に労働契約を解除することは、雇止めではなく解雇に該当します。

■ 解雇予告日と解雇予告手当 ···

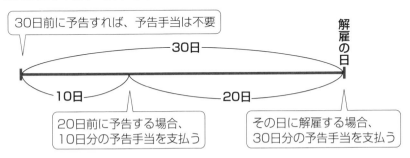

様式第３号（第７条関係）

解雇予告除外認定申請書

事業の種類	事業の名称	事業の所在地
その他の建設事業	株式会社○○○○	東京都○○区○○×ー×ー×

労働者の氏名	性別	雇入年月日	業務の種類	労働者の帰すべき事由
××××	男	平成○・○・○	営業	左記記載の労働者が、令和○年○月○日より、下請業者に対し度々リベートを要求し、その結果会社の信用を毀損し、損害をもたらしたことによるもの。詳細の経過は別紙のとおり。

令和○年　○月　○日

使用者
職　名　株式会社○○○○
氏　名　代表取締役
　　　　△△△△

○○労働基準監督署長殿

7 退職に伴う問題について知っておこう

解雇予告や解雇予告手当の支払いが必要となる場合がある

● 労働者の退職手続き

労働者から退職（辞職）の申入れがあれば、申入れの日から2週間経過すると雇用契約は終了して退職となります（民法627条1項）。

急な退職申入れは、会社にとっては労働者を補充する時間的余裕がなく、業務に支障が出る可能性があります。これを防ぐため、就業規則に「従業員が退職しようとするときは、少なくとも30日前に退職願を提出しなければならない」などと定めても、労働者を拘束する効力はありません（労働者へのお願い程度の効力です）。そのため、退職を無理に引き延ばすような行動は避けなければなりません。

退職時に渡す書類として、労働者から求めがあれば、退職証明書、離職票を発行しなければなりません。また、源泉徴収票、健康保険被保険者資格喪失証明書は必ず渡すようにしましょう。年金手帳や厚生年金基金加入員証を預かっている場合は返却が必要になります。

あらかじめ提示した労働条件が事実と違う場合は、労働者が即時に労働契約を解除できることが認められています。この場合、就業のために住居を変更した労働者が、契約解除の日から14日以内に帰郷する場合には、使用者は、必要な旅費を負担しなければならないことに注意しなければなりません。

● 復職が見込めない場合の措置

建設現場での業務中の事故など、業務上の災害で負傷または疾病した労働者を休職させる場合、休業期間とその後30日間は、労働者を解雇することができません（労働基準法19条）。

ケガや病気については、それが業務中の事故が原因なのか、それとも業務外の事故（私傷病）が原因なのか、判断が難しいケースもあり、業務災害でなく私傷病休職として処理されることもあります。

私傷病休職とは、業務外の負傷・疾病で一定期間休職することを認める制度です。この場合、休職期間の満了時に休職事由が消滅していない場合の取扱いは、就業規則などで「復職できない場合は退職とする」と定めている場合には自然退職となります。

ただし、休職事由が精神疾患など、その原因の一端が会社にもある場合や、医師が復職を認めているのに会社が復職を認めないといった場合は不当解雇になるおそれがあり、注意が必要です。

復職の可能性を判断する際には、休職者の能力や経験、地位、企業の規模、業種、労働者の配置異動の実情などに照らして、他の業種への配転（配置転換）の現実的可能性がある場合には、その配転が可能かどうかを検討しなければならないとされています。

● 建設業退職金共済制度とはどのような制度なのか

建設業退職金共済制度（建退共制度）は、中小建設業を対象とした退職金制度です。中小建設業の事業主が勤労者退職金共済機構と退職金共済契約を結んで共済契約者となり、建設現場で働く労働者を被共済者として、その労働者に当機構が交付する共済手帳に労働者が働いた日数に応じ共済証紙を貼ります。その労働者が建設業界の中で働くことをやめたときに、当機構が直接労働者に退職金を支払います。

建設業界全体の退職金制度で、労働者がいつ、また、どこの現場で働いても、働いた日数分の掛金が全部通算されて退職金が支払われるしくみになっています。労働者が次々と現場を移動し、事業主（建設会社）を変わっても、建設業で働いた日数は全部通算できます。

8 偽装請負について知っておこう

労働者派遣法の適用を免れてしまう

● 偽装請負とは

偽装請負とは、実際には発注者側の企業が請負人側の企業の労働者を指揮監督するという労働者派遣に該当する行為がなされているにもかかわらず、発注者側の企業と請負人側の企業との間では請負契約を締結していることをいいます。たとえば、A会社がB会社の従業員を使用したいと考えた場合に、A会社が発注者、B会社が請負人となって請負契約を締結し、A会社の指揮監督の下でB会社の従業員を用いることが偽装請負になります（次ページ図）。

偽装請負の典型的なパターンは、請負人側の企業が発注者側の企業に対して労働者を派遣し、発注者側の企業がその労働者を直接に指揮命令するというパターンです。

しかし、これ以外にも偽装請負のパターンは存在します。たとえば、請負人側の企業がさらに別の個人事業主に下請をして、その個人事業主を注文者側の企業に派遣するというパターンがあります。請負人側の企業は、労働者の代わりに下請契約を結んだ個人事業主を注文者側の企業に派遣していることになります。

また、請負人側の企業が、さらに別の企業に下請を行わせて、その企業の労働者を注文者側の企業に派遣するというパターンも存在します。請負人側の企業は、自社で雇用している労働者の代わりに、下請企業の労働者を派遣していることになります。

● 偽装請負の何が問題なのか

発注者側の企業が請負人側の企業の労働者を直接に指揮監督する場

合には、労働者派遣法の規制を受けます。ただし、労働者派遣法では、建設業務など派遣労働者を受け入れることが禁止されている業種が規定されており（148ページコラム参照）、派遣期間の制限などもあります。

　このような労働者派遣法の規制の適用を避ける意図で、請負の形式で行われる労働者の受入れが偽装請負です。偽装請負による労働者の派遣及びその受け入れを行っている企業は、偽装請負の状態を解消するための措置を講じることが必要になります。

　まず考えるべき方策は、適法な請負に切り替える方法です。しかし、発注者側の企業が労働者を指揮監督する必要性がある場合には、適法な請負への切り替えは現実的な対策とはいえません。

　次に考えるべき方策は、適法な労働者派遣に切り替える方法です。しかし、発注者側の企業の業種が労働者派遣を禁止された業種に該当する場合や、労働者の派遣可能期間を超えて労働者を受け入れたい事情がある場合には、このような方策をとることはできません。

　最終的に取るべき手段は、発注者側の企業が労働者を直接雇用する方法です。このとき、発注者側の企業は、労働者に一方的に不利にならないような条件で、労働契約を締結することが必要です。

■ 偽装請負の構造

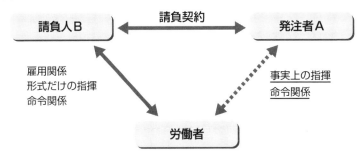

⑨ 外国人雇用について知っておこう

雇う前に知っておかなければならないことをつかむ

● 在留資格は29種類ある

　外国人が日本で就労するためには、一定の在留資格を持っていることが必要です。在留資格とは、外国人が日本に入国や在留して行うことができる行動などを類型化したものです。令和4年9月現在は29種類あり、一定の在留資格に該当しなければ就労は認められません。日本で就労できる外国人は「高度な専門的能力を持った人材」に限られています。具体的には、芸術、報道、研究、教育、技術・人文知識・国際業務、介護、興行、技能、技能実習などに限定されています。

　外国人の就労資格の有無については、原則として在留カードによって確認することができます。

　特に注意が必要なのは、不法就労者であっても、他の「労働者」と同様に、労働基準法など各種の労働法上の規定が適用されるという点です。そのため、不法就労助長罪の成立とは別に、不法就労者であるからという理由で、労働条件などにおいて、他の労働者よりも劣悪な条件で雇っている場合には、労働基準法上の国籍に基づく不合理な差別にあたります。また、労働基準法で定める基準に達しない労働条件は無効となります。

　なお、在留資格については、近年、「特定技能」が追加されており、従来よりも長期にわたって外国人労働者の雇用を可能にする制度が構築されています。具体的には、特定技能は「1号」と「2号」に分類されています。「1号」は、介護や建設などの職種を想定し、日本語での会話などが可能であれば、最長で5年間にわたり、日本に滞在することが可能になります。そして「2号」は、基本的に1号からの移

行を前提に、より難易度の高い試験合格者を対象とした更新可能な、長期滞在を可能にする在留資格です。また、要件を満たせば家族（配偶者・子）の帯同も可能です。

◉ 技能実習制度について

技能実習制度とは、外国人が技能・技術・知識の修得・習熟・熟達を図ることを目的に日本の企業に雇用され、対象の業務に従事する制度です。技能実習を行う外国人には、次のような3つのステップを修了することが求められます。

第1段階では、技能などを「修得」することを目的に、外国人が対象の業務に従事します。第2段階では、第1段階の修了者を対象に、技能などに「習熟」するために業務に従事することが求められます。最後の第3段階では、第2段階の修了者を対象に、技能などについて「熟達」するレベルまで引き上げることを目的に、対象の業務に従事することが求められます。つまり、第2段階以降は、その前の段階を終了している人のみが対象になります。

技能実習制度においては、外国人は「技能実習」の在留資格に基づいて、日本の企業と雇用契約を結んだ上で（講習期間を除く）業務に従事します。就業の対価としての報酬を受け取ることも可能です。

技能実習制度は、①企業単独型の技能実習と、②団体監理型の技能実習に大別することができ、技能実習制度に基づいて、6種類の内容に分類されます。1号は修得を目的としていますが、2号で習熟、3号で熟達と段階的に習熟度が高くなります。在留期間については「技能実習1号」で1年以内、「技能実習2号」と「技能実習3号」で2年以内が実習期間として定められています。すべての技能実習の段階を経ることで最長5年間滞在することが可能です。

① 企業単独型技能実習

日本の企業の支社や現地法人などが外国にある場合に、その職員で

ある外国人が、技能などの修得のため、その日本の企業との間で雇用契約を結んで、講習や技能修得のための業務に従事する場合を指します（講習期間中は雇用契約が締結されません）。

② 団体監理型技能実習

外国人が技能などを修得する目的で、日本の非営利の管理団体により受け入れられた後、必要な講習などを受ける場合です。外国人は、その管理団体の傘下の企業との間で雇用契約を結び、業務に従事します（講習期間中は雇用契約が結ばれません）。

■ 就労が認められる主な在留資格

在留資格	内　容	在留期間
教育	教育機関で語学などの教育をすること	5年、3年、1年または3か月
医療	医療についての業務に従事すること	5年、3年、1年または3か月
興行	演劇やスポーツなどの芸能活動	3年、1年、6月、3月または15日
法律・会計業務	外国法事務弁護士、外国公認会計士などが行うとされる法律・会計業務	5年、3年、1年または3か月
技術・人文知識・国際業務	理学・工学・法律学・経済学などの知識を要する業務	5年、3年、1年または3か月
報道	外国の報道機関との契約に基づいて行う取材活動など	5年、3年、1年または3か月

Q 出稼ぎ労働者や外国人労働者を募集するときはどのような点に注意すればよいのでしょうか。

A 出稼ぎ労働者の募集にあたっては、「今までに何度も来てもらっているから」「知人の紹介だから」と労働条件を不明確にしたまま、口約束で採用してしまうことが多いようです。しかし、後になって「思っていた労働条件と違う」「劣悪な労働環境で健康を害した」「身元不明のまま採用した労働者が犯罪に関わっていた」などの問題が生じることもありますので、まずは「公共職業安定所（ハローワーク）」を通じて募集するということを徹底すべきでしょう。

外国人労働者の募集の場合、外国人が国内に居住しているか国外に居住しているかで募集の方法が変わってきます。特に国外に居住している外国人をあっせんしてもらう場合には、許可または届出のある職業紹介事業者から受けるようにしてください。

また、採用前に必ず「在留資格」を確認する必要があります。在留資格には、外交、教授、医療、研究、技能実習、短期滞在、留学、研修、永住者、日本人の配偶者等、定住者などの種類があり、それぞれ在留期間や就労の可否などが決まっています。在留資格は在留カードに記載されており、カードの有効期間が切れていたり、所持していない場合は不法滞在になりますので、採用しないよう注意しましょう。

なお、これはどんな労働者を採用するときにも共通することですが、事業者には、出稼ぎ労働者や外国人労働者を採用する際に、適正な労働条件を確保する義務があります。特に外国人労働者の労働条件に関しては、労働者の無知などにつけこんで劣悪な労働条件を強いるケースが後を絶ちませんが、労働者の国籍を理由とした労働条件の差別的扱いは固く禁じられています（労働基準法3条）。

労働条件については、外国人労働者がその内容を十分に理解できるような表現で明記した書面を交付するようにしましょう。

Q 雇用している労働者が不法就労者であった場合にはどうすればよいのでしょうか。

A 不法就労とは、①不法に入国して就労している者、②在留資格に定められた活動の範囲を超えて就労する者、③定められた在留期間を超えて就労する者のことをいいます。②の典型例として、観光などの「短期滞在」の資格で入国した者が、就労している場合を挙げることができます。現在、日本には在留期間を超えて滞在している不法残留者が6万6759人もおり（令和4年1月1日現在、法務省入国管理局）、その大半が不法就労者と言われています。なお、「定住者」や「日本人の配偶者等」などの資格を持っている場合には、不法就労にあたりませんので、当該外国人労働者が持っている資格を確認する必要があります。

入管法（出入国管理及び難民認定法）では、不法就労と知りながら雇い続けた場合は、3年以下の懲役または300万円の罰金（懲役と罰金の併科もあり）が科されます（入管法73条の2）。そのため、外国人を雇用する場合、雇用主（会社）は、その外国人が働くことができるかどうかを在留カードなどで確認することが必要です。

雇用している労働者が不法就労者であった場合、雇用主は、本人と面談をして、有効な在留資格を有していない可能性があると判断したときは出勤停止処分にした方がよいでしょう。また、新たな在留資格を取得するための助力をしたが、入管当局から不許可通知がなされた場合は、その外国人を解雇せざるを得ません。

万が一、外国人労働者と連絡がとれなくなった場合は、すぐに文書で入管当局に連絡するようにしましょう。なぜこのようなことをすべきなのかと言うと、その外国人が最終的に国外退去という判断が行われる過程で、当然雇用主に不法就労に関する調査が入り、「不法就労をしていた会社」として会社名が明かされることがあり得るからです。

⑩ 外国人を雇用したときの届出について知っておこう

外国人労働者（特別永住者を除く）を雇用した場合には届出が必要

● 外国人雇用状況届出制度とは

外国人労働者（特別永住者を除く）が採用・離職するときは、氏名、在留資格などをハローワークに届け出なければなりません。雇用する外国人労働者が雇用保険の被保険者となる（または被保険者の資格を失う）場合は、雇用保険被保険者資格取得届（喪失届）の所定の欄に在留資格、在留期限、国籍などを記載して届け出ます。その他の外国人労働者の場合は外国人雇用状況届出書を提出します。

【届出・添付書類】

外国人雇用状況届出書は管轄のハローワークに、雇入れ、離職の場合もともに翌月末日までに提出します（10月1日の雇入れの場合は11月30日まで）。次ページの書類は雇用保険の被保険者にならない場合の様式です。雇用保険の被保険者に該当する場合は、上記のとおり雇用保険被保険者資格取得届（喪失届）を提出します（本書には雇用保険被保険者資格取得届を掲載していませんが、様式の所定の欄に国籍や在留資格などを記載します）。添付書類は、①在留カードまたはパスポート、②資格外活動許可書または就労資格証明書です。

【ポイント】

外国人留学生の採用・離職もハローワークへの届出の対象です。採用する際は資格外活動の許可を得ていることを確認しなければなりません。外国人であると判断できるのに在留資格の確認をしないで、在留資格がない外国人を雇用すると罰則の対象となります。また、採用した外国人が届出期間内に離職した場合や、採用や離職を繰り返す場合は、1か月分をまとめて翌月末日までに届け出ることができます。

様式第3号（第10条関係）（表面）

雇 入 れ に係る外国人雇用状況届出書
離　　職

フリガナ（カタカナ）	イ		ケンパク		ミドルネーム
①外国人の氏名 （ローマ字）	姓 李		名 建白		
②①の者の在留資格	特定技能		③①の者の在留期間 （期限） （西暦）		20×× 年 11 月 30 日 まで
④①の者の生年月日 （西暦）	1988年 5 月 4 日		⑤①の者の性別		①男 ・ 2 女
⑥①の者の国籍・地域	中華人民共和国		⑦①の者の資格外 活動許可の有無		①有 ・ 2 無
⑧①の者の 在留カードの番号 （在留カードの右上に記載され ている12桁の英数字）	AB12345678CD				

雇入れ年月日 （西暦）	20×× 年 9 月 21 日	離職年月日 （西暦）	年　　　月　　　日
	年　　月　　日		年　　　月　　　日
	年　　月　　日		年　　　月　　　日

労働施策の総合的な推進並びに労働者の雇用の安定及び職業生活の充実等に関する法律施行規則
第10条第3項の規定により上記のとおり届けます。　　　　　　　20×× 年 9 月 27 日

事業主		雇入れ又は離職に係る事業所	雇用保険適用事業所番号 1305 - 706123 - 4
	事業所の名称、 所在地、電話番号等	（名称）株式会社○○建設 （所在地）東京都○○区○○×-×-× 主たる事務所 （名称）株式会社○○建設 （所在地）東京都○○区○○×-×-×	①の者が主として左記以外 の事業所で就労する場合 □ TEL 0000-00-0000 TEL 0000-00-0000
	氏名	代表取締役　佐藤　一郎	

社会保険 労務士 記載欄	作成年月日・提出代行者・事務代理者の表示	氏名	
			○○公共職業安定所長　殿

寄宿舎について知っておこう

寄宿舎設置届は一定の条件下で届ける。寄宿舎規則の提出は必須

◉ 事業附属寄宿舎の種類や判断基準

　寄宿舎は、労働基準法では「事業附属寄宿舎」とされています。事業附属寄宿舎とは、「常態として相当人数の労働者が宿泊し、共同生活の実態を備えるもの」で、かつ、「事業経営の必要上その一部として設けられているような事業との関連をもつ」ものです。事業関連の有無や労務管理上の共同生活の要請有無、場所等から寄宿舎かどうかが総合的に判断されます。

　これらの条件に合わない、福利厚生として提供しているアパートや、少人数の労働者が事業主や家族と一緒に生活する住み込みなどは事業附属寄宿舎ではありません。また、ワンルームマンションなど食事や入浴が共同でなければ寄宿舎にはあたりません。

　事業附属寄宿舎は2種類に分けられています。第1種寄宿舎は労働者を6か月以上の期間寄宿させる寄宿舎です。ただし、事業の完了の時期が予定されるもので、当該事業が完了するまでの期間労働者を寄宿させる仮設の寄宿舎は除外されます。また、第2種寄宿舎は労働者を6か月未満の期間寄宿させる寄宿舎の他、第1種寄宿舎から除外された寄宿舎を含みます。なお、第1種寄宿舎の対象外とされている寄宿舎（事業の完了時期が予定され、当該事業の完了までの期間労働者を寄宿させる仮設の寄宿舎）が、建設業附属寄宿舎規程で定められている建設業附属寄宿舎に該当します。

◉ 設置や規則について届け出ることが必要

　使用者は、次のいずれかの条件に該当する工事に伴い寄宿舎を設置

する場合は、寄宿舎設置届を周囲の状況および四隣との関係を示す図面、建築物の各階の平面図、断面図を添えて、所轄の労働基準監督署長に提出しなければなりません。

①　常時10人以上の労働者を就業させる事業
②　厚生労働省令で定める危険な事業または衛生上有害な事業

　②とは、使用する原動機の定格出力の合計が2.2kW以上である労働基準法別表第１第１号から第３号までに掲げる事業などです。建設業については労働基準法別表第１第３号の「土木、建築その他工作物の建設、改造、保存、修理、変更、破壊、解体又はその準備の事業」が該当します。

　さらに、寄宿舎設置届とは別に寄宿舎規則の届出も行います。寄宿舎設置届を提出する必要のない事業であっても、寄宿舎を設置する場合は寄宿舎規則の提出が必要であることが注意点です。寄宿舎規則は、起床・就寝・外出・外泊に関する事項、行事に関する事項、食事に関する事項などからなり、寄宿舎に寄宿する労働者の過半数を代表する者の同意を証明する書類とともに提出します。形式は特に定められていません。また、寄宿舎設置届とは別に、地方自治体の火災予防条例により、管轄の消防署への防火対象物使用開始届の提出が必要です。

● 寄宿舎を移転・変更・廃止する場合も届出が必要

　寄宿舎を設置しようとする場合と同様に、移転時や変更時も届出が必要です。ただし、寄宿舎の移転や変更をしようとする場合の届出は、その部分についてのみ行えば足りるとされています。

● アパートなどを借り上げて寄宿舎とすることもできる

　ワンルームマンションなど、個人がプライバシーを確保されている場合は寄宿舎に該当しません。しかし、アパートやマンションの１室を複数名で使用する場合や、民家を借り上げた場合は、寄宿舎に該当

することがありますので、建物の所在地を管轄する労働基準監督署に確認してみましょう。借り上げた建物が寄宿舎となる場合は、所定の届出に加えて、貸借借契約の当事者及び期間や、修繕・改築・増築の権限を有する者などを書面で添付する必要があります。

◉ 寄宿舎はどんな構造の建物なのか

　厚生労働省は、建設業附属寄宿舎規程とは別に「望ましい建設業附属寄宿舎に関するガイドライン」で努力目標を定めていますが、ここでは建設業附属寄宿舎規程が定めている主な遵守事項を列挙します。

　寄宿舎は衛生上有害な場所の付近、騒音または振動の著しい場所など、危険な場所や危険が予想される場所には設置できません。

　火災や地震等の非常時の対策として、常時15人未満の者が２階以上の寝室に居住する建物は１か所以上、常時15人以上の者が２階以上の寝室に居住する建物は２か所以上の避難階段が必要です。出入口は居住人数を問わず２か所以上必要です。警鐘、非常ベル、サイレンその他の警報設備を設けなければなりません。消火設備の設置も必要です。また、寝室の入口には、当該寝室に居住する者の氏名と定員を掲示することが必要です。

　設備としては、常時使用する階段の構造は、踏面21cm以上、けあげ22cm以下、幅75cm以上（屋外階段は幅60cm以上）としなければなりません。その他、手すりや各段から高さ1.8m以内に障害物がないことなど詳細に規定されています。

　廊下の構造は、両側に寝室がある場合は幅1.6m以上、その他の場合は幅1.2m以上で、階段と廊下に常夜灯を設けなければなりません。

　寝室の構造は、定員６人以下にするとともに、１人について3.2㎡以上のスペースが必要です。また、十分な容積を有し、かつ、施錠可能な身の回り品を収納するための設備を個人別に設けることや、有効採光面積を有する窓を設けること、寝室と廊下との間を壁や戸などで

区画することが必要です。

　食堂の構造などは、同時に食事をする者の数に応じ、食卓を設け、かつ、座食ができる場合を除き、いすを設けることや、食器と炊事用器具を保管する設備を設け、これらを清潔に保持すること、炊事従業員には炊事専用の清潔な作業衣を着用させることなどが必要です。

　飲用や洗浄のため清浄な水については、水道法3条5項に規定する水道事業者の水道から供給されるものでなければなりません。

　浴場の構造は、寄宿舎に寄宿する者の数が10人以内ごとに1人以上の者が同時に入浴することができる規模が必要です。

　便所については、常に清潔を保持すること、洗面所、洗たく場や物干し場や掃除用具を備え、寄宿舎を清潔に保つことが必要です。

● 寄宿舎ではどんな訓練を行うのか

　建設業附属寄宿舎規程に基づき、使用者は、火災その他非常の場合に備えるため、寄宿舎に寄宿する者に対して、寄宿舎の使用を開始した後に1回、その後6か月以内ごとに1回、避難と消火の訓練を行わなければなりません。

　避難訓練では、誘導者を決めて階段などの避難経路を使って安全な場所まで避難してみる他、避難器具などの使い方を覚える必要があります。消火訓練を実施する際には、消防署に届け出て、実際に119番通報をする通報訓練を受けたり、消火器の取扱方法の指導をしてもらうことができます。最近では地震時の避難訓練を消防署が奨励しており、地震体験車を訓練時に使用して地震の揺れを体験することもできます。

　訓練の実施後は、実施日時や参加者、訓練の想定、実施内容などを記録しておきます。

● 寄宿舎規則ではどんなことを定めるのか

　使用者と寄宿労働者は、寄宿舎規則を遵守する他、寄宿舎生活の秩

序が保持されるように努めなければなりません。寄宿舎規則で定める事項は、起床・就寝・外出・外泊に関する事項、行事に関する事項、食事に関する事項、安全衛生に関する事項、建設物や設備の管理に関する事項などです。また、寄宿舎を退舎する際には問題が発生しやすいため、借りた物の返却や、管理者による居室の点検を受けることなどについても、寄宿舎規則に明記しておく必要があるでしょう。

● 寄宿舎の管理者の職務

　使用者は、寄宿舎規則において事業主および寄宿舎の管理について権限を有する者を明らかにした上で、寄宿舎の出入口等見やすい箇所にこれらの者の氏名または名称を掲示しなければなりません。また、寄宿舎の管理について権限を有する者は、1か月以内ごとに1回、寄宿舎を巡視し、巡視の結果、寄宿舎の建物、施設または設備に関し、この省令で定める基準に照らして修繕や改善すべき箇所があれば、すみやかに使用者に連絡しなければなりません。

● 門限や外泊許可についてはどんなことに気をつけるのか

　外泊を許可制にすること、行事を強制参加にすること、面会を制限することは、労働者の私生活の自由を侵すことになるため、原則として許されません。ただし、他の居住者に迷惑を与える場所や時間帯での面会は制限できます。また、外出や外泊を届出制にすることは可能です。この届出は火災などの非常時の人員点呼にも利用できます。

● 給食業務の委託や食事代の徴収についての注意点

　給食業務を委託することは可能ですが、検便の検診は受けてもらうようにしましょう。厚生省の「大量調理施設衛生管理マニュアル」には「月1回以上行うように」と明記されていますが、学校・病院などの給食施設用ですので、民間に対しての拘束力はありません。

しかし、保健所はこれに準じた指導を行いますので、同じメニューを1回300食以上または1日750食以上提供する規模が大きい寄宿舎の場合は、月1回の検便の検診は必要です。食事代の徴収に関する定めはありませんので、現物支給とするか福利厚生費として一部を補助するかは合理的な範囲で行うようにしましょう。ただし、水道光熱費の実費を徴収することはできます。

◉ 寄宿舎で火事や事故、ケガが発生した場合の労災はどうなる

　寄宿舎で火事や事故、ケガが発生した場合は「業務起因性」があれば労災保険の給付対象となります。業務上と認められるためには業務起因性が認められなければならず、その前提条件として業務遂行性が認められなければなりません。業務遂行性は次のような3つの類型に分けることができます。

① 　事業主の支配・管理下で業務に従事している場合
② 　事業主の支配・管理下にあるが、業務に従事していない場合
③ 　事業主の支配下にあるが管理下を離れて業務に従事している場合

■ 労働基準法の寄宿舎の要件 ……………………………………………

	使用者のすべきこと	
寄宿舎生活の自治	寄宿する労働者の私生活の自由を侵してはならない 役員の選任に干渉してはならない	
寄宿舎生活の秩序	起床、就寝、外出及び外泊に関する事項 行事に関する事項 食事に関する事項 安全及び衛生に関する事項 建設物及び設備の管理に関する事項	寄宿舎規則の届出
寄宿舎の設備及び安全衛生	換気、採光、照明、保温、防湿、清潔、避難、定員の収容、就寝に必要な措置 労働者の健康、風紀及び生命の保持に必要な措置	

寄宿舎での火事や事故は②に該当する可能性があります。事業主が用意した寄宿舎において火災や事故が発生したのですから、事業主の支配下にあったということで一応の業務遂行性が認められます。

業務起因性については、労働契約の条件として事業主の指定する寄宿舎を利用することがある程度義務付けられていれば、認められます。労災認定の際に、これらの条件が求められた場合は、特段の事情が判明しない限り、業務上の理由で災害を被ったものと考えられます。

また、この場合の「特段の事情」とは、労働者間の私的・恣意的行為によって発生したケガや事故などです。その他、設備の不良で事故が起きた際も業務上の災害となります。

なお、事業主は、労働災害による労働者の死亡・休業時と同じく、寄宿舎での災害発生時も、所轄労働基準監督署長に遅滞なく「労働者死傷病報告」を提出しなければなりません。

■ 寄宿舎における労災・事故の必要な手続き ……………………

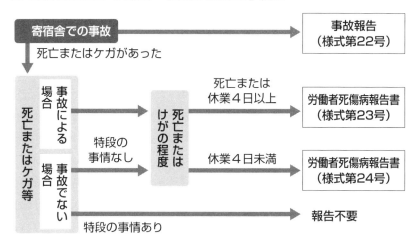

書式4 建設業附属寄宿舎設置届

様式(第5条の2)

設置
寄宿舎 移転 届
変更

事 業 の 種 類	その他の建設事業(管工事業)		
事 業 の 名 称	株式会社大東京工業羽田東工作所		
事 業 場 の 所 在 地	東京都大田区羽田東2-2-2		
常時使用する労働者数			70 名
事業の開始予定年月日	令和5年7月1日	事業の終了予定期日	令和7年6月30日

寄宿舎	寄 宿 舎 の 設 置 地	東京都大田区羽田東2-1-1	
	収容能力及び収容実人員	(収容能力) 20 名, (収容実人員) 18 名	
	棟 数	居室2、炊事場、食堂棟1、浴室、洗面所、洗濯場、便所棟1、計4 棟	
	構 造	居室棟は鉄骨プレハブ造り、波型亜鉛メッキ鉄板葺き2階建て、食堂棟ならびに浴室棟は木造、波型亜鉛メッキ鉄板葺き	
	延 居 住 面 積	122.51 ㎡	
宿 施	階 段 の 構 造	屋外、軽量鉄骨、踏面22cm、蹴上22cm 勾配45° 手すり高さ80cm、幅80cm	
	寝 室	和室畳敷き、押入付、一人当たり6.62㎡ 10室、天井高2.5m LED照明3600lm×1 冷暖房機1	
	食 堂	面積38.7㎡、ビニールタイル張り、木製テーブル5個、椅子20脚 大型冷暖房機1台、手洗場1	
	炊 事 場	面積25.7㎡、コンクリート床、調理台、流し台、食器棚、倉庫、冷蔵庫、上水道	
宿	便 所	大便所3個、小便所4個、女子用2個、水洗式	
舎 設	洗面所及び洗たく場	洗面所は同時4人使用可 洗濯場 洗濯機4台、乾燥機4台	
	浴 場	浴室8.45㎡ ボイラ室2.61㎡(灯油だき)浴室内にて温度調節可、5人同時入浴可	
	避 難 階 段 等	屋外に2か所 上記「階段の構造」のとおり	
	警 報 設 備	1、2階廊下	
	消 火 設 備	1、2階廊下、食堂、炊事場、各1カ所粉末消火器	
工事開始予定年月日	令和5年7月3日	工事終了予定年月日	令和7年6月20日

令和5 年 6 月 10 日　　　　　　　　　　　　　　　　　　　　　　株式会社大東京工業

　　　　　　　　　　　　　　　　　使用者 職 氏名 工事部長 杉並 四郎 ㊞

　大田 労働基準監督署長 殿

備考
1 表題の「設置」,「移転」及び「変更」のうち該当しない文字をまつ消すること。
2 「事業の種類」の欄には、なるべく事業の内容を詳細に記入すること。
3 「構造」の欄には、鉄筋コンクリート造、木造等の別を記入すること。
4 「階段の構造」の欄には、踏面、けあげ、こう配、手すりの高さ、幅等を記入すること。
5 「寝室」の欄には、1人当たりの居住面積、天井の高さ、照明並びに採暖及び冷房等の設備について記入すること。
6 「食堂」の欄には、面積、1回の食事人員等を記入すること。
7 「炊事場」の欄には、床の構造及び給水施設(上水道、井戸等)を記入すること。
8 「便所」の欄には、大便所及び小便所の男女別の数並びに構造の大要(水洗式、くみ取り式等)を記入すること。
9 「洗面所及び洗たく場」の欄には、各設備の設置箇所及び設置数を記入すること。
10 「浴場」の欄には、設置箇所及び加温方式を記入すること。
11 「避難階段」の欄には、避難階段及び避難はしご等の避難のための設備の設置箇所及び設置数を記入すること。
12 「警報設備」の欄には、警報設備の設置箇所及び設置数を記入すること。
13 「消火設備」の欄には、消火設備の設置箇所及び設置数を記入すること。

建設業と労働者派遣

労働者派遣法は、労働者派遣を禁止する業務を規定しているため、規定されていない業務は原則として労働者派遣が認められています。そして、労働者派遣が禁止されている業務として、港湾運送業務、建設業務、警備業務などが規定されています（労働者派遣法4条1項）。

その他、個別の法令において労働者派遣を禁止する業務が規定されている場合があります。たとえば、請負業者が工事現場ごとに設置しなければならない主任技術者および監理技術者（配置技術者）については、請負業者と直接的かつ恒常的な雇用関係にある者に限ることが求められており（64ページ）、労働者派遣は認められていません。

また、労働者派遣が禁止される建設業務は「土木、建築その他工作物の建設、改造、保存、修理、変更、破壊若しくは解体の作業又はこれらの準備の作業に係る業務」（労働者派遣法4条1項2号）であると定めています。つまり、建設現場で工事作業に従事する者は、原則として労働者派遣が禁止されているといえます。

しかし、上記以外の業務に従事するのであれば、建設現場においても労働者派遣が認められます。たとえば、建築現場の事務や給食調理を行う業務などは労働者派遣が可能です。また、工事の施工計画を作成し、それに基づいて、工事の工程管理（スケジュール、施工順序、施工手段などの管理）、品質管理（強度、材料、構造などが設計図書通りとなっているかの管理）、安全管理（従業員の災害防止、公害防止など）といった工事の施工の管理を行う業務（施工管理業務）は、上記の建設業務に該当せず、労働者派遣が認められます。

なお、現場に常駐している人であっても、業務委託で現場業務に関わるケースもあるため、委託・請負・雇用・派遣など従業員の契約形態を把握することが重要です。

第5章

建設業と
安全衛生管理体制

事業所や事業者の責任について知っておこう

事業場は業種によってそれぞれに異なったルールが適用される

● 事業場について

　労働安全衛生法では、事業者に様々な義務を事業場ごとに課すという制度を採用しています。通達（昭和47年9月18日発基第91号）によると、**事業場**とは「工場、鉱山、事務所、店舗等のごとく一定の場所において相関連する組織のもとに継続的に行なわれる作業の一体」のことで、一定の場所における組織的な集まりを指します。たとえば、ある事業者が東京に本社、大阪・横浜・福岡に支社を持っている場合、東京本社が1つの事業場、3つの支社でそれぞれの事業場となるので、この事業者は合計4つの事業場を持っていることになります。

　ただし、場所的に分散していても、出張所や支所など規模が著しく小さく、1つの事業場という程度の独立性がないものは、直近上位の機構と一括して1つの事業場として取り扱われます。たとえば、新たに設置された出張所に労働者1名が派遣され、その出張所に事業場としての独立した機能がないと判断されると、その出張所の上位となる部署・組織と一括して1つの事業場として取り扱われます。

　反対に、同じ場所にあっても、著しく「働き方」（労働の態様）を異にする部門がある場合には、その部門を別個の事業場としてとらえるものとしています。たとえば、同じ場所にある工場と診療所を別個の事業場としてとらえるのが典型的な例です。

● 業種の区分について

　建設業や製造業の現場では、大変危険な作業を行います。重大な事故を引き起こす危険性も高いため、労働安全衛生法は、機械や化学物

質の取扱いについて、様々な規制を設けています。

　１つの事業場で行われる業態ごとに定められているのが**業種**です。労働安全衛生法は、業種に応じて異なる安全衛生管理の規制が定められています。１つの事業場において適用されるのは１つの業種のみであり、事業場ごとに業種を判断します。たとえば、製鉄所は「製造業」とされますが、その経営や人事の管理を専ら行っている本社は「その他の事業」ということになります。

● 労働安全衛生法上の事業者や労働者について

　労働安全衛生法は、事業場で働く労働者の安全と健康を確保するために、主に事業者が行わなければならない措置や禁止事項を規定しています。ここで事業者とは、その事業の経営主体、つまり「事業を行う者で、労働者を使用するもの」をいいます（２条３号）。具体的には、個人企業の場合は、これを経営している事業主個人が事業者となり、株式会社や合同会社などの法人企業の場合は、法人自体が事業者になります。労働基準法上の義務主体である「使用者」とは異なり、事業経営の利益帰属主体が事業者となります。

　これに対し、事業または事務所（同居の親族のみを使用する事業または事務所を除く）に使用され、賃金を支払われる者が「労働者」です（２条２号）。ただし、家事使用人などは労働安全衛生法の適用が除外されます。法人の役員であっても、業務執行権を持つ者の指揮命令下で労働している場合は、労働者と扱われることがあります。

● 事業者の責務・労働者の責務とは

　労働安全衛生法の目的の一環として、労働災害防止も挙げられ、同法３条１項では、以下のような事業者の責務が規定されています。
・労働安全衛生法で定める労働災害防止のための最低基準を守る
・快適な職場環境の実現と労働条件の改善を通じて職場における労働

者の安全と健康を確保する

・国が実施する労働災害防止に関する施策に協力する

　一方、事業者が労働災害の防止に努めても、労働者がそれを損なう行為をしては効果をあげられません。そのため、労働安全衛生法4条は、労働者が事業者の行う措置に協力することなどを規定しています。

◉ 事業者にはどんな責任が課されるのか

　労働安全衛生法に違反した事業者は、刑事責任・民事責任の対象となるとともに、行政処分を受ける場合もあります。

・刑事責任（刑罰）

　労働安全衛生法上の多くの規定の違反について、刑罰が科されますが、それらは違反行為者である個人（自然人）に科されるのが原則です。ただし、違反行為者が事業者の代表者や従業者などである場合には、その代表者や従業者などに刑罰が科されるのとともに、事業者にも罰金刑が科されます（122条）。これを両罰規定といいます。

・民事責任

　労働安全衛生法違反の結果として労働災害が発生した場合、これにより死傷した労働者またはその遺族は、労働者災害補償保険の給付を受けることができます。また、その他に労働者が労働災害によって受けた精神的苦痛や財産的損害を賠償する民事上の責任が、事業者に対して生じることがあります。

・行政処分（使用停止命令等）

　労働安全衛生法の一定の規定に違反する事実がある場合、事業者や注文者などは、作業の停止や建設物等の使用停止・変更といった行政処分を受ける可能性があります（98条）。また、労働安全衛生法に違反する事実がなくても、労働災害発生の急迫した危険があって緊急の必要がある場合、事業者は、作業の一時停止や、建設物等の使用の一時停止といった行政処分を受ける可能性があります（99条）。

事業者に課される安全配慮義務について知っておこう

労働者の安全や健康を守るため必要な措置を講ずることが必要

● どのようなことなのか

労働契約法5条は、「使用者は、労働契約に伴い、労働者がその生命、身体等の安全を確保しつつ労働することができるよう、必要な配慮をするものとする」と定めており、事業者（使用者）が労働者に対して安全配慮義務を負うことが明示されています。

もっとも、事業者に義務付けられている「必要な配慮」の内容については、当該事業場での労働者が担う職種や職務の内容などに応じて個別に決定せざるを得ません。

たとえば、危険な作業方法などを伴う業務に従事する労働者に対しては、危険から守るために具体的な措置が要求されます。

また、労働時間が長くなりすぎて、労働者が過労死するかもしれない状況が生じている場合には、その労働者の業務内容を洗い出した上で、振り分けが可能な分は他の労働者に行わせる方法や、新たな労働者を雇う方法など、労働者の負担を軽減する措置を講じることが要求されます。

さらに、労働者の健康を確保するため、専門医による健康相談（カウンセリング）などを定期的に実施することも重要です（労働安全衛生法69条参照）。

労働者が劣悪な労働環境に置かれた場合、事業者は、貴重な人材を失うばかりか、劣悪な労働環境に対する訴えを起こされるケースもあり、多大な労力を費やすおそれがあります。このような事態を防ぐため、事業者は、労働者の安全や健康を守るために何をするべきかを常に考え、状況に応じて必要な措置を講じていかなければなりません。

● 中高年齢者に対しての配慮

　近年、少子高齢化や不景気のため、中高年の労働者の割合が増加する事業場が多くあります。経験豊富で知識量、技術力の高い労働者がいるのは、事業場にとって財産といえる一方で、年齢が高くなるとともに心身の機能が衰え、労働能力が低下する傾向があることも事実です。また、中高年齢者（中高齢者）が労働災害にあった場合、若年者に比べて、治癒に多くの日数が必要であるという傾向もあります。

　このため、労働安全衛生法62条では、事業者が中高年齢者について「心身の条件に応じて適正な配置を行う」ように努力することを求めています。中高年齢者に対する配慮としては、身体的に過重な負担がかかる作業を行う部門から軽易な作業を行う部門に移す方法や、一人で行っていた業務を複数で分担できるようにする方法などが考えられます。なお、中高年齢者の具体的な年齢は、厚生労働省では概ね50歳以上を想定しています。

　なお、労働者の身体的機能や労働能力は年齢だけではかれるものではなく、事業者は、個々の労働者の心身の状況をチェックした上で、必要な措置を検討する必要があります。

■ 安全配慮義務を果たすための会社側の対策 ……………………

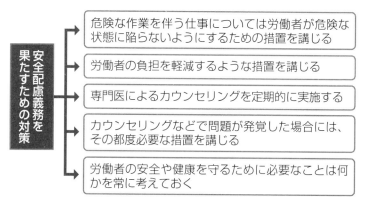

安全配慮義務を果たすための対策

→ 危険な作業を伴う仕事については労働者が危険な状態に陥らないようにするための措置を講じる

→ 労働者の負担を軽減するような措置を講じる

→ 専門医によるカウンセリングを定期的に実施する

→ カウンセリングなどで問題が発覚した場合には、その都度必要な措置を講じる

→ 労働者の安全や健康を守るために必要なことは何かを常に考えておく

安全衛生管理体制について知っておこう

安全を確保するための管理者を置かなければならない

● なぜ安全衛生管理体制の構築が必要なのか

　事業者は安全で快適な労働環境を維持することが求められています。その目的を達成するためには、安全確保に必要なものが何であるかを把握し、労働者に対して具体的な指示を出し、これを監督する者の存在が不可欠になります。このため、労働安全衛生法では安全で快適な労働環境を実現する土台として**安全衛生管理体制**を構築し、責任の所在や権限、役割などを明確にするよう義務付けています。

● 安全衛生管理体制の構築のための組織（スタッフ）

　労働安全衛生法は、安全衛生管理体制を構築するため、次のような組織を規定しています。なお、労働基準監督署長は、労働災害を防ぐため必要がある場合は、事業者に対し、安全管理者・衛生管理者の増員・解任の命令を出すことができます（11条2項、12条2項）。

① **総括安全衛生管理者（10条）**

　安全管理者、衛生管理者などを指揮し、労働者の危険防止措置や労働者への安全衛生教育の実施などの業務を統括管理します。

② **安全管理者（11条）**

　安全に関する技術的事項を管理します。安全管理者は、事業場における安全や衛生について、技術的な専門知識を持ち、学歴に応じて2年以上または4年以上といった産業安全に関する実務経験を持つ者であることなどが選任要件です。

③ **衛生管理者（12条）**

　衛生に関する技術的事項を管理します。衛生管理者は、極めて専門

的な知識が要求されるため、第一種衛生管理者免許・衛生工学衛生管理者免許などを受けた者、医師・歯科医師などの一定の有資格者であることが選任要件となっています。

④　**安全衛生推進者・衛生推進者（12条の２）**

安全管理者や衛生管理者の選任を要しない事業場で、総括安全衛生管理者が総括管理する業務を担当します（衛生推進者は衛生に関する業務に限る）。

⑤　**産業医（13条）**

労働者の健康管理等を行う医師のことです。労働者の健康管理に関して、事業者に勧告を行うなどの権限が与えられています。

⑥　**作業主任者（14条）**

高圧室内作業などの政令が定める危険・有害作業に労働者を従事させる場合に選任され、労働者の指揮などを行います。

● 業種の区分

安全衛生管理体制においては、業種を次のように区分しています。

ⓐ　林業、鉱業、建設業、運送業、清掃業（施行令２条１号）

ⓑ　製造業（物の加工業を含む）、電気業、ガス業、熱供給業、水道業、通信業、各種商品卸売業、家具・建具・什器等卸売業、各種商品小売業、家具・建具・什器小売業、燃料小売業、旅館業、ゴルフ場業、自動車整備業、機械修理業（施行令２条２号）

ⓒ　その他の業種（施行令２条３号）

労働安全衛生法は、事業場の業種や規模に応じて選任すべき組織を規定しています。まず、総括安全衛生管理者は、労働者数が常時100人以上のⓐの事業場、常時300人以上のⓑの事業場、常時1000人以上のⓒの事業場で選任します。安全管理者は、労働者数が常時50人以上のⓐとⓑの事業場で選任します。そして、衛生管理者や産業医は、労働者数が常時50人以上のすべての業種の事業場で選任します。

● 工事現場での安全管理体制

　建設現場などでは、発注者から仕事を直接請け負った「元方事業者」（1つの場所で行う事業の仕事の一部を関係請負人に請け負わせている最も先次の注文者のことです）と、その元方事業者から仕事を請け負った下請事業者（労働安全衛生法では「関係請負人」と名付けています）が混在して仕事をするのが一般的です。

　このような現場では、管理が行き届かず、労働災害が起こりやすくなります。また、元方事業者に比べて、下請事業者が担う仕事の内容は、部分的であるがゆえに専門性が高く、危険を伴うことが少なくありません。そのため、より一層徹底した安全管理体制の確立が求められているといえます。そのため、下請事業者内部のみではなく、当該仕事を依頼した元方事業者に対しても一定の責任を負わせています。

　労働安全衛生法は、主に建設業の事業者に対し、前述した安全衛生管理体制（155ページ）に加えて、元方事業者が統括安全衛生責任者、元方安全衛生管理者、店社安全衛生管理者を選任し、下請業者が安全衛生責任者を選任することで、現場の全体を統括できる安全衛生管理体制を構築するように義務付けています。

・統括安全衛生責任者（15条）

　元方事業者と下請事業者の連携をとりながら、労働者の安全衛生を確保するための責任者のことです。元方事業者と下請事業者の双方の労働者が同じ場所で作業を行うことで生ずる労働災害を防止するため、現場の安全衛生の統括管理を行います。

・元方安全衛生管理者（15条の2）

　統括安全衛生責任者の下で技術的な事項を管理する実質的な担当者のことです。現場の労働災害を防止するために必要とする措置を行う権限を持っています。

・店社安全衛生管理者（15条の3）

　統括安全衛生責任者の選任を要しない小規模な建設現場において、

労働者の安全を確保するため、元方事業者と下請事業者の連携をとりながら、現場の安全衛生の指導などをする者です。

・**安全衛生責任者**（16条）

　大規模な建設業の現場等で労働災害を防止するために、下請事業者が選任する現場の安全衛生を担当する者です。

■ **労働安全衛生法により選任義務がある組織（スタッフ）**………

業　種	規模・選任すべき組織（スタッフ）
製造業（物の加工業を含む）、電気業、ガス業、熱供給業、水道業、通信業、各種商品卸売業、家具・建具・什器等卸売業、各種商品小売業、家具・建具・什器小売業、燃料小売業、旅館業、ゴルフ場業、自動車整備業、機械修理業	①常時10人以上50人未満 　安全衛生推進者 ②常時50人以上300人未満 　安全管理者、衛生管理者、産業医 ③常時300人以上 　総括安全衛生管理者、安全管理者、衛生管理者、産業医
林業、鉱業、建設業、運送業、清掃業	①常時10人以上50人未満 　安全衛生推進者 ②常時50人以上100人未満 　安全管理者、衛生管理者、産業医 ③常時100人以上 　総括安全衛生管理者、安全管理者、衛生管理者、産業医
上記以外の業種	①常時10人以上50人未満 　衛生推進者 ②常時50人以上1000人未満 　衛生管理者、産業医 ③常時1000人以上 　総括安全衛生管理者、衛生管理者、産業医
建設業及び造船業であって下請が混在して作業が行われる場合の元方事業者 （元方安全衛生管理者、店社安全衛生管理者は建設業のみ選任義務がある）	①現場の全労働者数が常時50人以上の場合（ずい道等工事、圧気工事、橋梁工事については常時30人以上） 　統括安全衛生責任者、元方安全衛生管理者 ②ずい道等工事、圧気工事、橋梁工事で全労働者数が常時20人以上30人未満、または鉄骨造・鉄骨鉄筋コンクリート造の建設工事で全労働者数が常時20人以上50人未満 　店社安全衛生管理者

建設業ではどんな体制を構築する必要があるのか

使用する労働者の人数によって変わってくる

● 総括安全衛生管理者の選任

総括安全衛生管理者の役割は、安全管理者や衛生管理者などを指揮し、事業場全体の安全衛生に関する業務を統括管理することです。総括安全衛生管理者の役割は、安全管理者や衛生管理者などを指揮し、事業場全体の安全衛生に関する業務を統括管理することです。建設業の場合は、常時使用する労働者数が100人以上の事業場において選任義務が発生します。

総括安全衛生管理者には、当該事業場において、その事業の実施を実質的に総括管理する権限と責任を有する者を選任します（10条2項）。主な仕事は「人の管理」であるため、統括管理の権限をもち、責任を負う立場にあれば、特別な資格や経験は不要です。

なお、総括安全衛生管理者の選任は、総括安全衛生管理者を選任すべき事由が発生した日から14日以内に行わなければなりません。

● 安全管理者の選任

安全管理者とは、事業場の安全についての技術的事項を管理する専門家のことです。建設業の場合は、常時使用する労働者数が50人以上の事業場において選任義務が発生します。安全管理者の選任は、安全管理者を選任すべき事由が発生した日から14日以内に行わなければなりません。また、原則として事業場に専属（当該事業場のみで勤務すること）の者を選任しなければなりません。

ただし、2人以上の安全管理者を選任する場合で、その安全管理者の中に労働安全コンサルタントが含まれる場合は、当該労働安全コン

サルタントのうち 1 人は事業場に専属の者である必要はありません。

● 衛生管理者の選任

衛生管理者とは、事業場の衛生についての技術的事項を管理する専門家のことです。常時使用する労働者数が50人以上の場合に選任義務が発生します（業種は問いません）。

衛生管理者の選任は、衛生管理者を選任すべき事由が発生した日から14日以内に行わなければなりません。また、原則として事業場に専属の者を選任すべきですが、2 人以上の衛生管理者を選任する場合で、その衛生管理者の中に労働衛生コンサルタントが含まれる場合は、当該労働衛生コンサルタントのうち 1 人は事業場に専属の者である必要はありません。

● 安全衛生推進者等の選任

小規模の事業場で職場の安全と衛生を担うのが、安全衛生推進者や衛生推進者です（次ページ図）。

安全衛生推進者等（安全衛生推進者または衛生推進者）は、これらを選任すべき事由が発生した日から14日以内に選任しなければなりませんが、所轄労働基準監督署長などに選任報告書を提出する義務はありません。総括安全衛生管理者・安全管理者・衛生管理者を選任したときは、選任報告書を提出する義務があります）。

また、安全衛生推進者等に選任される資格を有するのは、都道府県労働局長の登録を受けた者が行う講習を修了した者、大学卒業後 1 年以上安全衛生（衛生推進者にあっては衛生）の実務経験がある者など、安全衛生推進者等の業務を行うために必要な能力を有すると認められる者です。なお、高等学校・中等教育学校を卒業した者は 3 年以上、その他の者は 5 年以上の安全衛生（衛生推進者にあっては衛生）の実務経験が必要です。

そして、安全衛生推進者等の選任後、事業者は、当該安全衛生推進者等の氏名を関係労働者に周知させなければなりません。具体的には、「作業場の見やすい場所に掲示する」「腕章をつけさせる」「他の作業員とは違う色の帽子やヘルメットを着用させる」「役職名と氏名を記載した名札を着用させる」などの方法による周知が考えられます。

◉ 作業主任者とは

労働者が特に危険な場所において業務を行う場合に、労働災害の防止のために選任されるのが**作業主任者**です（14条）。作業主任者の選任義務が生じるのは、事業の規模に関係なく、主として以下のような危険・有害作業に労働者を従事させる場合です。

① 高圧室内作業
② ボイラーの取扱いの作業

■ 安全衛生推進者、衛生推進者の選任と業務 ⋯⋯⋯⋯⋯⋯⋯⋯

安全衛生推進者の選任が 必要な業種	事 業 規 模	安全衛生推進者の 業務内容
林業、鉱業、建設業、運送業、清掃業、製造業（物の加工業を含む）、電気業、ガス業、熱供給業、水道業、通信業、各種商品卸売業、家具・建具・じゅう器等卸売業、各種商品小売業、家具・建具・じゅう器小売業、燃料小売業、旅館業、ゴルフ場業、自動車整備業、機械修理業	労働者の数が常時10人以上50人未満の事業場	・施設や設備等の点検および使用状況の確認 ・安全衛生教育 ・健康診断および健康の保持増進のための措置 ・労働災害の原因の調査および再発防止対策 　　　　　　など

衛生推進者の選任が 必要な業種	事 業 規 模	衛生推進者の 業務内容
安全衛生推進者の選任が必要な業種以外の業種	労働者の数が常時10人以上50人未満の事業場	安全衛生推進者の業務と同じ（衛生に係る業務に限る）

③　ガンマ線照射装置を用いて行う透過写真の撮影の作業

④　コンクリート破砕器を用いて行う破砕の作業

⑤　高さが5m以上のコンクリート造の工作物の解体または破壊の作業

　作業主任者の業務は、現場の労働者が行う作業の内容に応じて異なります。一般的には、作業に従事する労働者の指揮の他、使用する機械等の点検、安全装置等の使用状況の監視、異常発生時の必要な措置などを行います。

　作業主任者になる資格を有するのは、ⓐ都道府県労働局長の免許を受けた者、またはⓑ都道府県労働局長の登録を受けた者が行う技能講習を修了した者です（14条）。ⓐⓑのどちらを必要とするかは作業の内容によって異なります。たとえば、高圧室内作業や大規模なボイラー取扱作業などの場合は、ⓐの免許取得者でなければ作業主任者になることができません。一方、小規模のボイラー取扱作業などの場合は、ⓐの免許取得者の他、ⓑの技能講習修了者も作業主任者の資格を有します。作業の内容に応じて必要となる免許や技能講習は、労働安全衛生規則16条・別表第一で細分化されており、技能講習は都道府県労働局長の登録を受けた「登録教習機関」が執り行っています。

　作業主任者の選任後、事業者は、作業主任者の氏名やその者に行わせる事項を「作業場の見やすい箇所に掲示する等」の方法で関係労働者に周知させなければなりません。「掲示する等」の方法には、作業主任者に腕章を付けさせる、特別の帽子を着用させるなどの措置が含まれます。

　一方、作業主任者については、安全衛生推進者や衛生推進者などとは異なり、選任しなければならない理由が生じてから14日以内に選任する義務や、所轄労働基準監督署長などに選任報告書を提出する義務は課されていません。また、代理者を選任する必要はなく、専属・専任の者を選任する必要もありません。

● 産業医の選任

　産業医とは、事業者と契約して、事業場における労働者の健康管理等を行う医師のことです（13条1項）。常時50人以上の労働者を使用するすべての業種の事業場において選任が義務付けられています。特に常時3000人を超える労働者を使用する事業場は、産業医を2人以上選任しなければなりません。産業医は、労働者の健康管理等を行うのに必要な医学に関する知識や、労働衛生に関する知識を備えていることが必要です（13条2項）。そこで、産業医となるためには、以下のいずれかの資格を保有する医師であることが必要とされています。

① 厚生労働大臣の指定する者が行う労働者の健康管理等を行うのに必要な医学知識についての研修を修了した者

② 産業医の養成等を目的とする医学の正規課程を設置する産業医科大学その他の大学を卒業した者であって、その大学の実習を履修した者

③ 労働衛生コンサルタント試験の合格者で、試験区分が保健衛生である者

④ 大学において労働衛生に関する科目を担当する教授、准教授、講師（常時勤務）またはこれらの経験者

⑤ その他厚生労働大臣が定める者

　産業医は、選任すべき事由が発生した日から14日以内に選任しなければなりません。産業医の選任後は、遅滞なく（すぐに）選任報告書を所轄労働基準監督署長に提出しなければなりません。

● 安全委員会、衛生委員会、安全衛生委員会

　事業者は、職場における労働者の安全衛生の確保と健康管理を行わなければなりません。そこで、一定規模以上の事業場では、事業者は安全委員会や衛生委員会を設置することが義務付けられており、労働者の安全衛生を確保する必要があります。

　安全委員会とは、労働者の危険の防止や労働災害の原因および再発

防止対策（安全に係るもの）などについて調査審議する委員会です。

　安全委員会では、労働者が事業場の安全衛生について理解と関心を持ち、事業者と意見交換を行います。労働者の意見が事業者の行う安全衛生措置に反映され、結果的に安全衛生管理体制を向上させることがねらいです。安全委員会は、ⓐ林業、鉱業、建設業などでは常時50人以上、ⓑ製造業、電気業、ガス業、熱供給業などでは常時100人以上を使用する事業場で設置義務が生じます。また、安全委員会の委員は、必要に応じて事業者により選任されます。なお、安全委員会では、以下の事項を調査審議します（労働安全衛生法17条1項）。

① 労働者の危険を防止するための基本となるべき対策

② 労働災害の原因および再発防止対策で、安全に係るもの

③ ①②の他、労働者の危険の防止に関する重要事項

　次に、**衛生委員会**とは、労働者の健康障害の防止や健康の保持増進などについて調査審議する委員会です。労働災害の原因や再発防止対策（衛生に係るもの）も調査審議の対象となります。なお、安全委員会や衛生委員会は、毎月1回以上開催しなければなりません。衛生委員会は、業種を問わず、常時50人以上を使用する事業場で設置しなければなりません。衛生委員会の委員も、事業者が選任を行い、以下のような事項を調査審議します（労働安全衛生法18条1項）。

① 労働者の健康障害を防止するための基本となるべき対策

② 労働者の健康の保持増進を図るための基本となるべき対策

③ 労働災害の原因や再発防止対策で、衛生に係るもの

④ ①〜③の他、労働者の健康障害の防止や健康の保持増進に関する重要事項

　そして、安全委員会と衛生委員会の両方を設置しなければならない事業場では、両方を統合した**安全衛生委員会**を設置することができます。安全衛生委員会の委員についても、安全委員会や衛生委員会と同様に、事業者が指名した者により構成されています。

下請と元請が混在する建設現場での安全管理体制について知っておこう

下請と元請をつなぐ連絡調整役が必要

● 統括安全衛生責任者はどんなことをするのか

　同じ場所で事業者の異なる労働者が作業する作業場所で、元請負人（元方事業者）と下請負人の連携をとりながら、労働者の安全衛生を確保するための責任者を**統括安全衛生責任者**といいます。

　建設現場などでは、作業間の連絡調整が不十分になり、労働災害が発生しやすくなります。

　このような事態を防止するため、発注者から請け負った建設業と造船業の元請負人（特定元方事業者）で、作業に従事する労働者数が常時50人以上（ずい道等の建設、橋梁の建設、圧気工法による作業では常時30人以上）の場合、統括安全衛生責任者の選任義務が生じます（15条１項）。統括安全衛生責任者の業務は、元方安全衛生管理者の指揮とともに、以下の事項を統括管理することです。

① 　協議組織の設置・運営

② 　作業間の連絡・調整

③ 　作業場所の巡視

④ 　関係請負人（下請負人）が行う労働者の安全または衛生のための教育に対する指導・援助

⑤ 　建設業の特定元方事業者にあっては、仕事の工程に関する計画および作業場所における機械・設備等の配置に関する計画の作成や、当該機械・設備等を使用する作業に関し関係請負人が労働安全衛生法または同法に基づく命令の規定に基づき講ずべき措置についての指導

⑥ 　①〜⑤の事項の他、労働災害を防止するため必要な事項

● 安全衛生責任者はどんなことをするのか

一定規模以上の建設現場では、元請業者（元方事業者）が統括安全衛生責任者を選任した上で、現場の安全衛生を確保しなければなりません。一方、元請業者から業務を請け負う下請業者（関係請負人）も同じく安全衛生に取り組む必要があります。そこで、元請業者が統括安全衛生責任者を選任しなければならない現場で自ら仕事を行う下請業者には、安全衛生責任者の選任が義務付けられています（16条）。

安全衛生責任者の業務としては、以下のものが挙げられます。

① 統括安全衛生責任者との連絡

② 統括安全衛生責任者からの連絡事項の関係者への伝達

③ ②の連絡事項のうち、下請業者（安全衛生責任者を選任した下請業者）に関するものの実施についての管理

④ 下請業者が作成する作業計画と元請業者が作成する作業計画との整合性を図るために行う統括安全衛生責任者との連絡調整

⑤ 労働者の行う作業で生ずる労働災害の危険の有無の確認

⑥ 下請業者が仕事の一部を他の請負人に請け負わせている場合における当該他の請負人の安全衛生責任者との作業間の連絡調整

● 元方安全衛生責任者はどんなことをするのか

建設現場で統括安全衛生責任者を補佐して技術的事項を管理する実質的な担当者を**元方安全衛生管理者**といいます。一定規模以上の建設現場では、同一の場所で異なる事業者に雇用された労働者が作業を行うことがあります。この場合に元請負人（元方事業者）と下請負人（関係請負人）の連携が円滑になるよう、統括安全衛生責任者は現場の安全衛生を統括管理し、元方安全衛生管理者を指揮します（15条1項）。その指揮の下で、元方安全衛生管理者は統括安全衛生責任者が統括管理する事項のうち技術的事項の管理を行います（15条の2）。

元方安全衛生管理者は、以下のいずれかの資格を有する者のうちか

ら、建設業を行う元方事業者が選任義務を負います。

① 大学または高等専門学校における理科系統の正規の課程を修めて卒業した者で、その後3年以上建設工事の施工における安全衛生の実務に従事した経験を有する者

② 高等学校または中等教育学校において理科系統の正規の学科を修めて卒業した者で、その後5年以上建設工事の施工における安全衛生の実務に従事した経験を有する者

③ その他、厚生労働大臣が定める者

● 店社安全衛生責任者はどんなことをするのか

　一定規模の建設現場などでは、統括安全衛生管理者などを選任して安全衛生を確保しています。しかし、それらの選任義務がない小規模の工事現場などにおいても、労働安全衛生法15条の3は、一定の要件を充たす場合に元請負人（元方事業者）が**店社安全衛生管理者**を選任し、下請負人（関係請負人）との連携をとりながら、事業場の安全衛生の管理をするよう義務付けています。

　店社安全衛生管理者の選任義務を負うのは、たとえば、鉄骨造または鉄骨鉄筋コンクリート造の建築物の建設の仕事で、常時従事する労働者数（関係請負人を含めた数）が20人以上50人未満など、一定の要件を充たす事業場です。

　また、店社安全衛生管理者となる資格を有するのは、大卒、高専卒、高卒などの学歴に応じて、一定の年数以上建設工事の施工における安全衛生の実務経験を有する者などです。

　店社安全衛生管理者の主な業務として、少なくとも毎月1回労働者が作業を行う場所を巡視し、労働者の作業の種類その他作業の実施の状況を把握します。さらに、協議組織の会議に随時参加し、仕事の工程や作業場所における機械・設備等の配置に関する計画の実施状況を確認することなども行います。

6 元方事業者が講ずべき措置について知っておこう

元方事業者は災害防止のために様々な措置を講じる必要がある

● 元方事業者は一般的にどのような義務を負うのか

　発注者から仕事を受注した事業者が、その仕事を他の事業者に発注すること（下請け）は、建設業、造船業、鉄鋼業、情報通信業などで一般的に行われています。下請けで仕事を受注した事業者が、さらにその仕事を他の事業者に発注することを「孫請け」といいます。

　下請けによって行われる仕事は、一般的に有害性が高いものが多いため、労働安全衛生法29条は、最初に発注者から仕事を引き受けた事業者（元方事業者）に対し、以下の措置を義務付けています。

① 　関係請負人とその労働者が、労働安全衛生法の規定と同法に基づく命令に違反しないために必要な指導を行うこと

② 　関係請負人とその労働者が、労働安全衛生法の規定と同法に基づく命令に違反している場合、是正に必要な指示を行うこと（関係請負人とその労働者は当該指示に従う義務を負います）

● 建設業の元方事業者について

　建設業の現場においては、複数の事業者がそれぞれの労働者を率いて作業をする労働形態が一般的です。規模の大きい現場になればなるほど、事業者の数も増加します。また、作業内容が大きく変化する場合もあり、労働災害が発生する危険性も他の業種と比較して高いです。

　こうした建設業の現場における安全管理水準の向上と労働災害の防止を目的にして、厚生労働省が策定した指針が「元方事業者による建設現場安全管理指針」です。以下の項目に関して、元方事業者が実施することが望ましい安全管理の具体的内容を記しています。

① 安全衛生管理計画の作成

② 過度の重層請負の改善

③ 請負契約における労働災害防止対策の実施とその経費の負担者の明確化など

④ 元方事業者による関係請負人とその労働者の把握など

⑤ 作業手順書の作成

⑥ 協議組織の設置・運営

⑦ 作業間の連絡・調整

⑧ 作業場所の巡視

⑨ 新規入場者（新たに作業を行うこととなった労働者）教育

⑩ 新たに作業を行う関係請負人に対する措置

⑪ 作業開始前の安全衛生打合せ

⑫ 安全施工サイクル活動の実施

⑬ 職長会（リーダー会）の設置

　また、建設業の元方事業者は、土砂等が崩壊するおそれがある場所などにおいて関係請負人の労働者が建設業の仕事の作業を行うときは、関係請負人が講ずべき危険防止措置が適正に講じられるよう、技術上の指導などの必要な措置が義務付けられています（29条の2）。

■ 元方事業者が講ずべき措置 ……………………………………

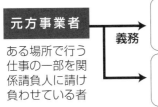

| **元方事業者** | 義務 → | 仕事に関し、労働安全衛生法や労働安全衛生法に基づく命令の規定に違反しないよう必要な指導を行う |

ある場所で行う仕事の一部を関係請負人に請け負わせている者

仕事に関し、労働安全衛生法や労働安全衛生法に基づく命令の規定に違反している場合には、是正のため必要な指示を行う

関係請負人やその労働者は、元方事業者の指示に従わなければならない

● 特定元方事業者が講じなければならない措置とは

　特定事業を行う元方事業者のことを「特定元方事業者」といいます（15条1項）。特定事業とは「建設業」「造船業」の2つの事業です。

　特定元方事業者は、同一の場所において特定事業に従事する労働者（関係請負人の労働者を含む）に生じる労働災害を防止するため、以下の事項について必要な措置を講じる義務を負います（30条1項）。

① 協議組織の設置・運営

② 作業間の連絡・調整

③ 作業場所の巡視（毎作業日に少なくとも1回行う）

④ 関係請負人が行う労働者の安全または衛生のための教育に対する指導・援助

⑤ 仕事の工程や作業場所における機械・設備等の配置に関する計画の作成と、機械・設備等を使用する作業に関して関係請負人が講ずべき措置についての指導（建設業においてのみ）

⑥ その他労働災害を防止するために必要な事項

　①の「協議組織」とは、複数の事業者が作業を行う現場において、元方事業者とすべての関係請負人が参加・協議する組織のことです。

　また、⑥の「必要な事項」に含まれるものとして、クレーン等の運転についての合図、事故現場等の標識、有機溶剤等の集積場所、警報、避難等の訓練の実施方法を統一することや、これらを関係請負人に周知させることなどの行為が挙げられます。

　なお、特定元方事業者がその現場における統括安全衛生責任者を選任した場合、その者に特定元方事業者が講ずべき措置の統括管理をさせる必要があります（15条1項）。また、統括安全衛生責任者を選任した特定元方事業者のうち、建設業を行う事業者は、元方安全衛生管理者を選任し、その者に統括安全衛生責任者が統括管理する事項のうち技術的事項を管理させる必要があります（15条の2）。

現場監督が講ずべき措置について知っておこう

現場監督は事業者に代わって作業場の安全を守る必要がある

● 現場監督はどんな措置を講じる必要があるのか

　労働安全衛生法は、労働者の安全と健康を守るために、事業者が講ずべき様々な措置を規定しています。現場監督はこれらの事業者が講ずべき義務について、実際に仕事が行われる作業場に有効に反映させる責務を担っています。

　たとえば、労働安全衛生法が事業者に対して義務付けている労働者の健康障害防止のための具体的な措置には、①機械等・爆発物等による危険防止措置（20条）、②掘削等・墜落等による危険防止措置（21条）、③健康障害防止措置（22条）、④作業環境の健康保全措置等（23条）などがあります。一方、労働安全衛生法26条では、事業者が講じる措置に対する労働者側の遵守義務が規定されています。

● 規則や通達にはどんなものがあるのか

　前述の措置に加えて、事業者が講ずべき措置を具体的に示すために定められているのが「クレーン等安全規則」などの厚生労働省令（労働安全衛生法などの法律に基づき厚生労働大臣が定める命令のこと）です（次ページ図）。

　また、厚生労働省令が定めていないものでも、労働者にとって必要と認められる措置については、通達により一定の指針が示される場合があります。たとえば、業務上疾病の約６割を占めるとされる腰痛については「職場における腰痛予防対策の推進について」という通達が発出されています。

　この通達にある「職場における腰痛予防対策指針」では、リスクア

セスメントや労働安全衛生マネジメントシステムの考え方を導入しつつ、作業管理、作業環境管理、健康管理、労働衛生教育等について、以下の腰痛予防対策を示しています。加えて、腰痛の発生が比較的多い作業の腰痛予防対策も示しています。

① 作業管理

作業の自動化・省力化による負担軽減、不自然な作業姿勢・動作をとらない工夫、作業標準の策定・見直し、安静を保てる休憩設備を設けることなどが示されています。

② 作業環境管理

適切な温度設定、作業場所・通路・階段などが明瞭にわかる照度の保持、凹凸がなく防滑性に優れた作業床面、十分な作業空間の確保、振動の軽減対策などが示されています。

③ 健康管理

作業への配置前とその後6か月以内ごとの定期健康診断、作業前体操と腰痛予防体操の実施などが示されています。

④ 労働衛生教育等

作業への配置前とその後必要に応じ、腰痛予防のための安全衛生教育を行うことなどが示されています。

■ 危険防止や健康被害防止について定める様々な規則 …………

機械等（機械・器具などの設備）の作業の危険防止について定めるもの　➡　クレーン等安全規則
ゴンドラ安全規則
ボイラー及び圧力容器安全規則　など

材料の使用に伴う健康被害防止について定めるもの　➡　有機溶剤中毒予防規則
粉じん障害防止規則
石綿障害予防規則　など

注文者が講ずべき措置について知っておこう

安全・衛生に作業をするために、注文主にも講ずるべき措置がある

● 建設物等や建設機械の使用につき注文者が講ずべき措置とは

　労働安全衛生法31条1項は、特定事業（建設業・造船業）の仕事を自ら行う注文者は、建設物等（建設物・設備・原材料）を、当該仕事を行う場所においてその請負人（数次の請負契約による場合は、すべての請負契約の当事者である請負人を含む）の労働者に使用させるときは、当該建設物等について、当該労働者の労働災害を防止するため必要な措置を講じる義務を負います。たとえば、建設物等を使用した建設業の仕事の一部をA社がB社に依頼し、さらにB社がC社に依頼した場合は、A社とB社が注文者となり得ますが、最も上位であるA社のみが、上記の「注文者」としての義務を負います。

　また、上記により規制対象となる「建設物等」は、労働安全衛生規則によると、「くい打機及びくい抜機、軌道装置、型わく支保工、アセチレン溶接装置、交流アーク溶接機、電動機械器具、潜函等、ずい道等、ずい道型わく支保工、物品揚卸口等、架設通路、足場、作業構台、クレーン等、ゴンドラ、局所排気装置、プッシュプル型換気装置、全体換気装置、圧気工法に用いる設備、エックス線装置、ガンマ線照射装置」が該当します。これらの使用は労働者に危険が伴うため、労働安全衛生規則では、各々の建設物等について、基準や規格に適合したものの使用や、安全のための措置を注文者に義務付けています。

　また、建設業の仕事を行う2以上の事業者の労働者が一つの場所において一定の建設機械（機体重量3t以上のパワー・ショベル、つり上げ荷重が3t以上の移動式クレーンなど）を使用する作業（特定作業）を行う場合、注文者（特定作業の仕事を自ら行う発注者または当

該仕事の全部を請け負った者で、当該場所で当該仕事の一部を請け負わせているもの）は、当該場所で特定作業に従事するすべての労働者の労働災害防止措置を講じる義務を負います（31条の3）。

● 化学物質などを取り扱う設備において講ずべき措置

化学物質の中には人体に有害な物質も存在するため、細心の注意が必要です。労働安全衛生法31条の2および労働安全衛生規則662条の4は、化学設備の清掃等の作業の注文者による文書等の交付を義務付けています。具体的には、一定の化学設備・付属設備または一定の特定化学設備・付属設備の改造・修理・清掃等のため、上記の設備の分解作業や内部に立ち入る作業を請負人が行う場合、注文者は、請負人に以下の事項を記載した文書を交付しなければなりません。

① 労働安全衛生法31条の2に規定するものの危険性と有害性
② 作業において注意すべき安全と衛生に関する事項
③ 作業の安全と衛生を確保するために講じた措置
④ 化学物質の流出などの事故が起きた場合に講ずべき応急措置

なお、注文者から上記の文書を交付された請負人が、さらに他の事業者に上記の作業を行わせる場合は、安全のための措置を適切に引き継ぐため、その文書の写しを他の事業者に交付しなければなりません。

● 化学プラントの安全性の確保について

化学プラントとは、化学物質の製造、取扱い、貯蔵などを行う工場施設や装置のことです。技術の進展に伴い、化学プラントの大型化・多様化が進んでおり、事故発生の場合は大惨事になるおそれがあるため、化学プラントの新設や変更などを行う際に安全性の事前評価を行う基準として、厚生労働省が「化学プラントにかかるセーフティ・アセスメントに関する指針」を定めています。この指針では、化学プラントの試運転開始までの間に、主に以下の5つの段階に沿って安全性

にかかる事前調査を行うように定めています。

第1段階　関係資料の収集・作成

対象となる化学プラントの特性を把握することを目的とします。た
とえば、工程系統図、プロセス機器リスト、安全設備の種類とその設
置場所等の資料の作成に際しては「誤作動防止対策」「異常の際に安
全に向かうように作動する方式」を組み込むことが求められます。

第2段階　定性的評価－診断項目による診断

化学プラントの一般的な安全性を確保するため、診断項目による定
性的評価を行い、改善すべき点について設計変更等を行います。

第3段階　定量的評価

5項目（物質、エレメントの容量、温度、圧力、操作）により、総
合的に化学プラントの安全性にかかる定量的評価を行います。その際、
災害の起こりやすさや災害が発生した場合の大きさなどについて、上
記5項目を均等な比重で評価して、危険度ランクを付けます。

第4段階　プロセス安全性評価

第3段階で得られた危険度ランクとプロセスの特性等に応じ、潜在
的な危険を洗い出しを行い、妥当な安全対策を決定します。

第5段階　安全対策の確認等（最終的なチェック）

これまでの評価結果について総合的に検討し、さらに改善点がない
か最終チェックを行います。

■ 建設の仕事について注文者に求められる主な措置 ‥‥‥‥‥

注文者がとる措置

- 請負人の労働者に使用させる建設物等につき、当該労働者の労働災害を防止する必要な措置を講ずる
- 一定の建設機械の使用に係る作業（特定作業）に従事するすべての労働者の労働災害防止措置を講ずる
- 化学設備の清掃等の作業を行う請負人に対して、所定の事項を記載した文書を交付する

女性労働者を増やすための環境整備

　日本建設業連合会の統計である「建設業の現状」によると、建設業の就業者数は、ピーク時の1997年（平成9年）には685万人でしたが、2020年（令和2年）では492万人で、ピーク時比で71.8％と約4分の3になっています。これには、団塊の世代の大量退職に加え、若年層の入職が伸び悩んでいることが影響しています。

　もともと3K職場のイメージが強い建設業界では、安定した雇用と高い賃金で人材を確保していました。しかし、景気が低迷するようになると、経営側は大幅なリストラや賃金カットで苦境をしのごうとしました。このため、建設業界は若い世代にとって「仕事がきつい上に賃金は安く、いつクビになるかわからない不安定な業界」と映るようになったわけです。一度ついてしまった悪いイメージは、なかなか払拭できるものではありません。

　そこで国や業界団体は、人材確保のターゲットとして外国人や女性に注目し、外国人技能実習生の受け入れ拡大や女性技能労働者・技術者を増やすべく様々な取組みを進めています。

　外国人については、仕事以外の私生活面でのサポート体制づくり、経験の浅い外国人の労働災害を防止するため、安全衛生教育や施工業者の技術指導などが取り組むべき課題として挙げられます。

　一方、女性については、女性用トイレの設置など働きやすい環境の整備や、介護や育児と両立できる労働条件、身体的な条件に左右されない業務内容の検討などが急務です。さらに、女性求職者に対する効果的な建設業のPR方法の検討も重要です。

　国土交通省では、令和2年1月16日に「女性の定着促進に向けた建設産業行動計画」が策定されています。行動計画では、令和6年度までの目標として女性の建設産業への入職促進、就労継続などに向けた様々な取組みを実施することが記載されています。

第6章

労働者の健康管理と
安全衛生教育

危険や健康被害を防止するために事業者がすべきこと

危険要因の列挙と同時に明示される講ずべき措置

● 事業者はどんなことをしなければならないのか

　労災防止対策や安全で快適な労働環境の保全は、トラブルや事故などを未然に防ぐことが最重要課題です。そのために事業者が講ずべき措置は、大きく分けて以下のように分類できます。

① 　機械等、爆発性・引火性などの物、電気・熱などによる危険の防止措置（20条）

② 　掘削・採石等、墜落・土砂等による危険の防止措置（21条）

③ 　原材料、ガス、粉じん、放射線、高温、排液などによる健康障害の防止措置（22条）

④ 　建設物その他の作業場についての健康保持等の措置（23条）

⑤ 　作業行動から生じる労働災害防止措置（24条）

⑥ 　労働災害発生の危険急迫時の作業中止等の措置（25条）

⑦ 　重大な事故が発生した時の救護等、安全確保の措置（25条の2）

　ここでは「③健康障害の防止措置」という項目とりあげてみましょう。具体的に「何を防止すればよいのか」は業種により異なりますが、労働安全衛生法22条では、様々な業種を想定し「健康障害を生じさせる危険要因」の例として「原材料、ガス、蒸気、粉じん、酸素欠乏空気、病原体、放射線、高温、低温、超音波、騒音、振動、異常気圧、排気、排液」などを挙げています。

　なお、建設業など危険性の高い業種などについては、細かい規定が設けられています（180ページ）。このように、労働安全衛生法は、労働災害・健康障害やその危険の原因・要因を列挙するのと同時に、それらについての対策を事業者に求めています。

そして、事業者の措置等が実効性を得るためには労働者の協力が必要です。労働安全衛生法26条は、「労働者は、事業者が第20条から第25条まで及び前条（25条の2）第1項の規定に基づき講ずる措置に応じて、必要な事項を守らなければならない」と規定しています。労働者の協力も義務付けることで、労働災害・健康障害の防止という目的を達成しようとしています。

■ 事業者が健康障害防止のために講ずべき措置 …………………

機械・爆発物・電気などから生じる危険の防止措置
・機械や器具等から生じる危険、爆発性・発火性・引火性のある物等による危険、電気・熱などのエネルギーによる危険が生じることを防止する措置

労働者の作業方法から生じる危険の防止措置
・掘削、採石、荷役、伐木等の作業方法から生ずる危険を防止する措置
・労働者が墜落するおそれのある場所、土砂等が崩壊するおそれのある場所での危険を防止するための措置

原材料や放射線などから生じる健康被害の防止措置
・原材料、ガス、蒸気、粉じん、酸素欠乏空気、病原体等による健康障害の防止措置
・放射線、高温、低温、超音波、騒音、振動、異常気圧等による健康障害の防止措置
・計器監視、精密工作等の作業による健康障害の防止措置
・排気、排液、残さい物による健康障害の防止措置

労働者を就業させる作業場についての必要な措置
・労働者を就業させる作業場について、通路・床面・階段等の保全、換気、採光、照明、保温、防湿、休養、避難、清潔に必要な措置など、労働者の健康、風紀、生命の保持のため必要な措置を講じる

労働者の作業行動についての必要な措置
・労働者の作業行動から生ずる労働災害を防止するための措置

災害発生の急迫した危険があるときの必要な措置
・労働災害発生の急迫した危険がある場合は、直ちに作業を中止し、労働者を作業場から退避させる措置

建設現場における事業者の義務について知っておこう

労働者の身を守るのが保護具

● なぜ保護具が必要なのか

保護具とは、労働災害や健康障害の防止を目的として、労働者が直接身につけて使用するものを指します。労働者が危険性の高い作業に従事する場合に、保護具の着用または使用が必要とされます。事業者が備えるべき保護具の例として、保護帽（ヘルメット）、安全帯（落下防止のベルト・ロープ・フックなど）、呼吸用保護具等、皮膚障害等防止用の保護具などが挙げられます。

たとえば、呼吸用保護具等（保護衣、保護眼鏡、呼吸用保護具など）は、以下の業務で備える必要があります。

① 著しく暑熱または寒冷な場所での業務

② 多量の高熱物体、低温物体、有害物を取り扱う業務

③ 有害な光線にさらされる業務

④ ガス、蒸気、粉じんを発散する有害な場所における業務

⑤ 病原体による汚染のおそれの著しい業務その他有害な業務

次に、皮膚障害等防止用の保護具（塗布剤、不浸透性の保護衣、保護手袋、履物など）は、以下の業務で備える必要があります。

① 皮膚に障害を与える物を取り扱う業務

② 有害物が皮膚から吸収され、もしくは侵入して、健康障害もしくは感染をおこすおそれのある業務

また、強烈な騒音を発する場所における業務では、耳栓などの保護具を備える必要があります。事業者が耳栓などの保護具の使用を命じたときは、遅滞なく（すぐに）、その保護具を使用すべき旨を、労働者が見やすい場所に掲示しなければなりません。

一方、事業者から業務に必要な保護具の使用を命じられた労働者は、その保護具を使用しなければなりません。

● 事業者はどんなことに気をつけるべきか

事業者は、事業場において必要とされる保護具が適切に利用できるような状況を整えなければなりません。具体的には、同時に就業する労働者の人数と同数以上の保護具を常備し、労働者全員に行き渡るようにします。

また、保護具は清潔かつ使用に問題がない状態を常時保つ必要があります。保護具の使い回しなどで疫病感染のおそれがある場合は、各人専用の保護具を用意するか、または疫病感染を予防する措置を講じる必要があります。

■ 保護具の種類と保護具が必要な作業 ·····························

保護帽の着用	・100kg以上の荷を貨物自動車に積み卸す作業 ・5t以上の不整地運搬車に荷を積み卸す作業 ・ジャッキ式つり上げ機械を用いて荷のつり上げ、つり下げ作業 ・地山の掘削作業　　　　　　　　　　　など
墜落制止用器具の着用	・高さ2m以上の高所作業で、作業床を設置できず、墜落の危険のある場合 ・足場の組立、解体などの作業 ・型枠支保工の組立て　・土止め支保工作業 ・採石のための掘削作業　　　　　　　　など
絶縁用保護具の着用	・高圧の充電電路の点検や修理など、当該充電電路を取り扱う作業で感電のおそれがある場合 ・電路やその支持物の敷設、点検、修理、塗装などの電気工事作業で感電のおそれがある場合 　　　　　　　　　　　　　　　　　　など

③ 騒音や振動についての防止対策について知っておこう

騒音や振動を徹底管理し、健康障害を防ぐ

◉ どんな場合に問題となるのか

　昨今では、チェーンソーなどの機械工具を使用する場合、使用時に生じる振動が労働者の腕や身体に健康障害を発生させる「振動障害」が問題視されています。そのため、事業者は労働者がこうした機械工具を使用する際の振動障害を防ぐ措置をとらなければなりません。

　措置の具体的な内容については、まずはチェーンソーに限定された規定である「チェーンソー取扱い作業指針」（平成21年7月10日基発0710第1号）では、次の事項について示されています。

① チェーンソーの選定基準

② チェーンソーの点検・整備

③ チェーンソー作業の作業時間の管理および進め方

④ チェーンソーの使用上の注意

⑤ 作業上の注意

⑥ 体操などの実施

⑦ 通勤の方法

⑧ その他（人員の配置、目立ての機材の備え付けなど）

　また、チッピングハンマー、エンジンカッター、コンクリートバイブレーターなどのチェーンソーを除いた振動工具（185ページ図）を対象とした「チェーンソー以外の振動工具の取扱い業務に係る振動障害予防対策指針」（平成21年7月10日基発0710第2号）では、次の事項が示されています。

① 対象業務の範囲

② 振動工具の選定基準

③　振動作業の作業時間の管理

④　工具の操作時の措置

⑤　たがねなどの選定・管理

⑥　圧縮空気の空気系統に係る措置

⑦　点検・整備

⑧　作業標準の設定

⑨　施設の整備

⑩　保護具の支給・使用

⑪　体操の実施

⑫　健康診断の実施とその結果に基づく措置

⑬　安全衛生教育の実施

振動障害を予防するための措置とは

　チェーンソーについては、前述した「チェーンソー取扱い作業指針」において、事業者が講ずべき具体的な振動障害予防措置の指針が示されています。たとえば、チェーンソーを選定する際に、事業者に対して、防振機構内蔵型を選定することや、できる限り扱いやすい軽量のものを選ぶことなどを求めています（チェーンソーの選定基準）。

　また、定期的な点検・整備とともに、管理責任者を選任しておくことが必要とされます。具体的には、チェーンソーの製造者や輸入者が取扱説明書等で示している時期・方法により、定期的に点検・整備して、常に最良の状態に保つようにしなければなりません。

　一方、ソーチェーン（チェーンソーのカッター部分をつないでいるチェーン）については、目立て（切れなくなった刃を鋭くすること）を定期的に行い、業務場所に予備のソーチェーンを持参して適宜交換が可能な状態にしておくことが要求されています。選任される管理責任者は「振動工具管理責任者」と呼ばれ、チェーンソーの点検・整備状況を定期的に確認して、その状況を記録しておくことが必要とされ

ます（チェーンソーの点検・整備）。

さらに、作業時間の管理については「チェーンソーを取り扱わない日を設けるなどの方法で１週間の振動ばく露時間を平準化する」「所定の計算式で日振動ばく露量を求めて、手腕への影響の評価とそれに基づく対策を行う」などが挙げられます（チェーンソー作業の作業時間の管理および進め方）。

その他、チェーンソーの使用上の注意（無理に木に押しつけない、移動時は運転を止める）、作業上の注意（身体の冷えを避ける、厚手の手袋や軽く暖かい服を用いる）、体操などの実施（毎日体操を行う）、通勤の方法（オートバイなどによる通勤を避ける）などについても、細かい指針が示されています。

チェーンソー以外の振動工具についても、前述した「チェーンソー以外の振動工具の取扱い業務に係る振動障害予防対策指針」があります。どちらの指針についても基本的な内容は重複している部分が多いですが、とりわけ所定の計算式を用いて日振動ばく露量を求めた上で、手腕への影響の評価とそれに基づく対策（たとえば、低振動の工具の選定、振動ばく露時間の抑制）を行うという措置を強く勧奨しています。これは国際標準化機構（ISO）が推進する科学的管理手法の考え方を取り入れたものです。

● 騒音について法律上義務付けられていることは何か

騒音障害（騒音性難聴など）の防止について、事業者は「騒音障害防止のためのガイドライン」（平成４年10月１日基発第546号）などに基づき、必要な措置をとることが求められます。

このガイドラインは、コンクリートブレーカーやインパクトレンチなどを使用した騒音を発する作業を対象に策定されたものです。作業環境の騒音レベルを測定・評価し、評価区分に応じて防音保護具の使用、低騒音型機械の採用、防音設備の設置などが示されています。そ

の他、労働者の健康診断、労働衛生教育の実施などを求めています。

　特に事業者が「健康診断の結果を５年間保存する」「定期健康診断の結果を所轄労働基準監督署長に遅滞なく（すぐに）通知する」点については、労働安全衛生規則が実施を明確に義務付けています。

　労働安全衛生法上の義務でもあるのは、著しい騒音を発する屋内作業場の作業環境測定です（65条１項、２項）。６か月以内ごとに１回（施設、設備、作業工程、作業方法を変更した場合はその都度）、定期的に、以下の方法で等価騒音レベルの測定を実施する必要があります。

① 　作業場（屋内）の床平面上に６m以下の等間隔の縦線と横線を引き、その交点（測定点）の床上1.2m～1.5mの位置に騒音計を置き、10分間以上の等価騒音レベルを測定
② 　発生源に近接して作業が行われる場合、その位置で測定

■ 騒音や振動についてのまとめ ･････････････････････････

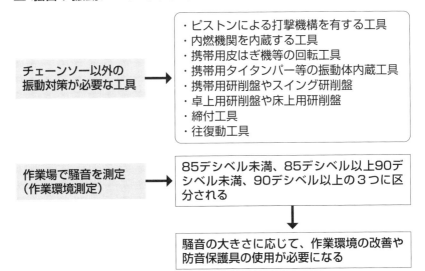

| チェーンソー以外の振動対策が必要な工具 | ・ピストンによる打撃機構を有する工具
・内燃機関を内蔵する工具
・携帯用皮はぎ機等の回転工具
・携帯用タイタンパー等の振動体内蔵工具
・携帯用研削盤やスイング研削盤
・卓上用研削盤や床上用研削盤
・締付工具
・往復動工具 |

| 作業場で騒音を測定（作業環境測定） | 85デシベル未満、85デシベル以上90デシベル未満、90デシベル以上の３つに区分される |

騒音の大きさに応じて、作業環境の改善や防音保護具の使用が必要になる

酸素欠乏や粉じんなどの作業環境測定が必要な作業について知っておこう

危険な作業環境での作業で求められる措置がある

● 酸素欠乏危険作業について

　酸素欠乏症とは、人体が酸素濃度18％未満の環境に置かれた場合に発症し、脳の機能障害および細胞破壊を引き起こす重大な健康障害です。特に井戸・地下室・倉庫・マンホールなどの内部や、炭酸水を湧出する地層などの場所での作業は、酸素欠乏症を発症する危険性が高まります。そこで、作業環境測定を行う必要があり、厚生労働省の告示である「作業環境測定基準」において、測定点や測定に用いる検査器具などについて、作業環境測定の具体的な基準を設けています。

● 事業者はどんなことをしなければならないのか

　事業者は、酸素欠乏症等防止の対策を定めた「酸素欠乏症等防止規則」の遵守が義務付けられます。この規則では、作業場における空気中の酸素濃度の測定時期、測定結果の記録・保存、測定器具、換気、保護具等・要求性能墜落制止用器具等（労働者の墜落の危険のおそれに応じた性能を有する墜落制止用器具その他の命綱）、連絡体制、監視人等、退避、診察・処置など、細かい規定を設けています。また、所定の技能講習を修了した者の中から酸素欠乏危険作業主任者を選任し、労働者の指揮や、酸素欠乏症防止器具の点検などを行わせなければなりません。

● 粉じん作業について

　労働安全衛生法上の義務として、事業者は、一定の粉じんを著しく発散する屋内作業場について、作業環境測定を行う必要があります（65条1項、2項）。粉じんには、土石、岩石、鉱物、金属、炭素など

がありますが、健康障害を引き起こす最も有名な粉じんは、鉱物の一種である石綿（アスベスト）です。石綿は建築用資材として多用され、粉じんの吸引により呼吸器系の重大な疾病を引き起こしてきました。

そこで、たとえば「粉じん障害防止規則」によると、土石、岩石、鉱物に関する特定粉じん作業（一定の粉じん発散源対策を講じる必要があり、その対策が可能である粉じん作業のこと）を行う屋内作業場では、原則として、粉じん中の遊離けい酸の含有量を測定します。

また、特定粉じん作業を行う屋内作業場における作業環境測定は、6か月に1回ごとに定期的に実施することが必要です。

◉ 事業者はどんなことをしなければならないのか

事業者は、粉じんの濃度測定を行った際は、その都度、①測定日時、②測定方法、③測定箇所、④測定条件、⑤測定結果、⑥測定実施者の氏名、⑦測定結果に基づく改善措置を講じたときの概要を記載した測定記録を作成し、その記録を7年間保存します。

また、厚生労働省の告示である「作業環境評価基準」に照らして、作業環境評価を行わなければなりません。作業環境の管理の状態に応じて、第一管理区分、第二管理区分、第三管理区分に区分することにより、当該測定の結果の評価を行います。事業者は、作業環境評価の結果、第三管理区分に区分された場所については、直ちに、施設・設備・作業工程・作業方法の点検を行い、その結果に基づいて作業環境を改善するため必要な措置を講じ、その場所の管理区分が第一管理区分または第二管理区分となるようにしなければなりません。

事業者は「粉じん障害防止規則 別表第3」に掲げる作業に労働者を従事させる場合、労働者に有効な呼吸用保護具（送気マスク、空気呼吸器など）を使用させる義務を負います。そして、動力を用いて掘削する場所の作業などに労働者を従事させる場合は、労働者に電動ファン付き呼吸用保護具を使用させなければなりません。

石綿対策について知っておこう

事業主は石綿対策を講ずる必要がある

◎ 建築物の解体等に際して講じなければならない措置とは

石綿（アスベスト）は、熱などに強く、頑丈で変化しにくく、コストパフォーマンスにも優れていたため、建築材料や化学設備などに多用されました。しかし、現在では石綿の製造、輸入、譲渡、提供、使用は全面禁止されています。石綿の粉じんを吸入することで肺ガンなどの重大な疾病を引き起こす場合があるためです。

事業者には、労働者の健康を守るため、建築物の解体等（解体・改修・封じ込め・囲い込み）をする際には、「石綿障害予防規則」などに基づき、必要な石綿対策の措置が義務付けられます。

また、「建築物等の解体等の作業及び労働者が石綿にばく露するおそれがある建築物等における業務での労働者の石綿ばく露防止に関する技術上の指針」（令和2年9月8日技術上の指針公示第22号）においては、石綿の調査や隔離等の他、集じん・排気装置の保守点検などについての詳細な指針が示されています。

なお、本項目では建築物を前提として説明していますが、船舶の解体等についても、ほぼ同様の規制が及びます。

◎ 事前調査・分析調査をする

建築物の解体等をする際、事業者は、原則として、あらかじめその建築物につき、石綿使用の有無を目視および設計図書（工事用の図面とその仕様書）などで調査しなければなりません（事前調査）。事前調査の結果の記録は3年間の保存義務があります。また、令和5年10月以降、厚生労働大臣が定める講習を修了した者などに事前調査を行

わせることが義務になります。

　ただ、目視による調査は、石綿使用の事実が見落されやすいという欠点があります。厚生労働省は「建築物等の解体等の作業における石綿ばく露防止対策の徹底について」（平成24年10月25日基安化発1025第３号）という通達で、内装仕上げ材、鉄骨造の柱、煙突内部、天井裏などの石綿使用の事実が見落とされやすい場所や、「石綿が煙突内部の石綿建材の上にコンクリートで覆われている」などの特殊な建設技術を要因とした見落されやすい石綿使用の例示などをしています。

　そして、事前調査を行ったにもかかわらず、石綿使用の有無が明らかとならなかったときは、原則として、石綿使用の有無について分析による調査を行わなければなりません（分析調査）。

● 作業計画の策定・作業の届出（報告・提出）

　事前調査・分析調査の結果、建築物に石綿使用の事実が判明した場合には、事業者は、実際の作業の前に、「石綿障害予防規則」に定める措置を講じる必要があります。まず、①作業の方法・順序、②石綿粉じんの発散の防止・抑制の方法、③労働者への石綿粉じんのばく露を防止する方法を示した作業計画を定め、当該計画に従い建築物の解体等の作業を行わなければなりません。

　次に、建築物の解体等を行う前に、原則として、所轄労働基準監督署長への報告が必要です。報告すべき事項には、事前調査・分析調査の結果などが含まれます。また、建築物の解体等のうち、①吹付け石綿の除去等（除去・封じ込め・囲い込み）の作業、②石綿含有の保温材、耐火被覆材などの除去等の作業をする前にも、所轄労働基準監督署長に対し、建築物の概要を示す図面の提出が必要です。

● 隔離措置・立入禁止措置が必要な場合

　事業者は、建築物の解体等のうち、上記の①（囲い込みの作業は石

綿の切断等（切断・破砕・研磨など）の作業を伴うものに限ります）、または上記の②（石綿の切断等の作業を伴うものに限ります）を労働者に行わせる際には、以下の措置を講じる必要があります。

① 作業場所をそれ以外の作業場所から隔離する

② 作業場所の排気を行うのに集じん・排気装置を使用する

③ 作業場所を負圧（屋外よりも気圧が低い状態）に保つ

④ 作業場所の出入口に前室を設置する

これに対し、事業者は、建築物の解体等のうち、石綿の切断等の作業を伴わない一定の作業を行わせる際は、その作業に従事する労働者以外の者の立入りを禁止し、かつ、その旨を見やすい場所に表示して周知しなければなりません。

■ 石綿対策のまとめ ....

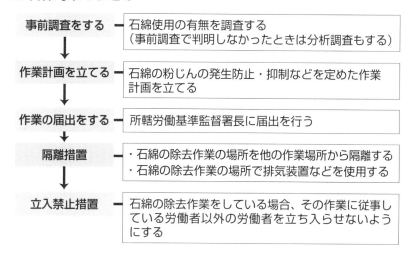

6 建設業における救護措置について知っておこう

建設作業現場では救護のための措置が講じられていることが必要

● 安全衛生上の救護措置にはどんなものがあるのか

　労働安全衛生法上は、特に労働災害が発生する危険が高く、発生時には重大な被害が予想される建設業その他（以下の仕事）を行う事業者に対して、救護に関する措置がとられる場合における労働災害を防止するため、必要な措置を講ずることを義務付けています。

①　ずい道等の建設の仕事で、出入り口からの距離が1000m以上となる場所での作業や、深さが50m以上となるたて杭（通路として使用するものに限られる）の掘削を伴うもの

②　圧気工法を用いた作業を行う仕事で、ゲージ圧力が0.1メガパスカル以上の状態で行うこととなるもの

● 爆発や火災の発生に備える

　労働安全衛生法25条の2では、建設業その他上記①②の仕事の現場で、完全に予防しきれない爆発や火災などが発生した際に、労働者の救護措置の過程で労働災害が発生しないように準備を行うという観点から、以下の措置を講じておくことが規定されています。

①　救護等に必要な機械等の備付けと管理

　備え付けておくべきものは、ⓐ空気呼吸器または酸素呼吸器、ⓑメタン・硫化水素・一酸化炭素・酸素の濃度測定器、ⓒ懐中電灯などの携帯照明器具、ⓓその他労働者の救護に必要とされるものです。

②　救護等に必要な訓練（救護訓練）の実施

　訓練は1年以内ごとに1回実施することが必要であり、訓練を実施した年月日、訓練を受けた労働者の氏名、訓練の内容についての記録

は３年間保存しなければなりません。

③　救護の安全についての規程の作成

救護組織、救護に必要な機械等の点検・整備、救護訓練の実施など
に関する規程が定められている必要があります。

④　作業にかかる労働者の人数と氏名の確認

ずい道等の内部や高圧室内において作業を行う労働者の人数と氏名
が常時確認できるようになっていることが必要です。

⑤　技術的事項の管理者の選任

①～④の措置に関する技術的事項を管理する者は「救護技術管理
者」と呼ばれ、労働者の救護の安全に関し必要な権限が与えられてい
ます。ずい道等の建設の仕事または圧気工法の作業に３年以上従事し、
厚生労働大臣の定める研修を修了した者が選任される資格を持ちます。

これらの規定に対する違反には罰則があり、①～④について違反す
ると６か月以下の懲役または50万円以下の罰金、⑤について違反する
と50万円以下の罰金となります。

◉ 救護技術管理者への権限付与

救護技術管理者とは、救護に関する技術的事項を管理する技術者の
ことで、その事業場に専属の者が務めます。事業者は、救護技術がい
ざという時に役立つように、救護技術管理者に対して労働者の救護の
安全に関し必要な権限を付与しなければなりません。それにより救護
技術管理者は、専門的見地から会社の救護設備に対する欠陥点を改善
し、必要な器具の購入予算請求などを行うことが可能になります。

また、事業者に対して救護の安全について必要な知識や技術を持っ
た者に権限の付与を義務付けることで、事故発生率が高い建設業の現
場において、事故発生時の労働者の救護に際して救護技術管理者の立
場の独立性を守ることが可能になります。

救護技術管理者になるための資格として、ずい道等の建設の仕事に

従事した経験が3年以上ある場合、または圧気工法の作業に従事した経験が3年以上ある場合で、厚生労働大臣が定める研修を修了した者であることが必要です。

● 熱中症の予防対策にはどんなものがあるのか

熱中症とは、体温が上がり体内の水分と塩分のバランスが崩れることで発症するめまい・失神・嘔吐・痙攣などの健康障害全般のことを指し、主に高温多湿な環境下で発症します。近年は夏場の気温が上昇する傾向にあり、熱中症になる危険が叫ばれています。

特に高温多湿となる場合が多い建設業の現場では、労働者の命にかかわる事態になりかねないため、熱中症にならないような対策を講じることが求められます。

■ 救護措置とは ……………………………………………

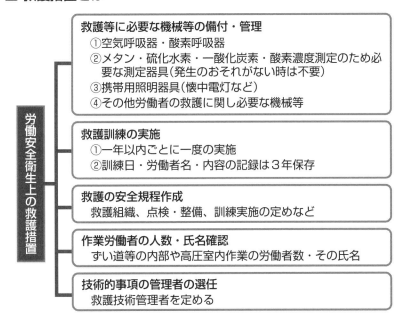

労働安全衛生上の救護措置

救護等に必要な機械等の備付・管理
①空気呼吸器・酸素呼吸器
②メタン・硫化水素・一酸化炭素・酸素濃度測定のため必要な測定器具(発生のおそれがない時は不要)
③携帯用照明器具(懐中電灯など)
④その他労働者の救護に関し必要な機械等

救護訓練の実施
①一年以内ごとに一度の実施
②訓練日・労働者名・内容の記録は3年保存

救護の安全規程作成
救護組織、点検・整備、訓練実施の定めなど

作業労働者の人数・氏名確認
ずい道等の内部や高圧室内作業の労働者数・その氏名

技術的事項の管理者の選任
救護技術管理者を定める

職場の熱中症予防については、厚生労働省の「職場における熱中症の予防について」（平成21年6月19日基発第0619001号）という通達に対策が示されています。この通達で熱中症対策として用いられているのが「WBGT値（暑さ指数）」です。

　WBGT値はWBGT＝Wet-Bulb Globe Temperatureの略で、熱中症を予防するために発表されている指標のことです。熱収支（人の身体と外気との熱気の出入り）に大きく影響される①湿度、②周囲の熱環境状況、③気温、を取り入れた上で示されています。

　WBGT値は熱によるストレスを示す指数で、これが高いほど熱中症を引き起こす危険が増すため、熱中症対策としてはWBGT値を引き下げることが重要になります。

　WBGT値を測定し、またWBGT予報値を確認しておくことで、必要な措置等の参考にすることができます。特に、実際の測定値がWBGT予報値を上回るような事態においては、急遽作業時間の見直し等を行うなど臨時的な対応が必要といえるでしょう。

　熱中症は真夏によく発症するイメージですが、実は春先も危険な時期とされています。時期的に「まだ大丈夫」という安心感があるため、気がついたときには脱水症状を起こしていた、という事態も少なくありません。そのため、事業者は春先のうちから、熱中症に対する措置を講じることが求められています。

　特に事業者に要求される措置としては、作業管理と労働者の健康管理が挙げられます。作業管理としては、①休憩時間等を確保して身体に負担が大きい作業を避ける、②計画的に作業環境における熱への順化期間（熱に慣れ適応するために必要な期間）を設ける、③水分・塩分の作業前後・作業中の定期的な摂取の徹底を図る、などの配慮が求められています。

　そして、健康管理としては、健康診断の実施や医師等の意見の聴取、労働者に対する熱中症予防に関する指導などを行う必要があります。

建設業における災害防止対策について知っておこう

建設業では災害防止のために必要な調査や届出、審査が行われる

● リスクアセスメントを導入し、結果に基づく措置を講じる

　リスクアセスメントとは、事業場の危険性または有害性を見つけ出し、これを低減するための手法のことです。労働安全衛生法28条の2では、危険性または有害性等の調査およびその結果に基づく措置として、建設業などの事業場の事業者に対して、リスクアセスメントとその結果に基づく措置の実施に取り組むよう努めることを求めています。

　リスクアセスメントを実施する際には、前提として、建設業特有の事業性をふまえなければなりません。具体的には、建設業には、①所属の違う労働者が同じ場所で作業をして、複数かつ何層にもわたる複雑な下請け構造をもつこと、②短期間に作業内容が変化する可能性があること、などの特徴があります。労働安全衛生関係の法令を遵守することはもちろん、現場の元方事業者（元請事業者）が統括管理を行い、関係請負人（下請負人）各々が自主的に安全衛生活動を行い、そして本店や支店が安全衛生指導を行い、関係団体や行政が一体となって総合的な労災防止対策を行っていく必要があります。

　リスクアセスメントの実施については、厚生労働省の公示である「危険性又は有害性等の調査等に関する指針」（平成18年3月10日危険性又は有害性等の調査等に関する指針公示第1号）は、①労働者の就業に係る危険性または有害性の特定、②特定された危険性または有害性ごとのリスクの見積り、③見積りに基づくリスクを低減するための優先度の設定とリスク低減措置の検討、④優先度に対応したリスク低減措置の実施という手順を示しています。リスクアセスメントを実施する際には、次ページ図のように、安全管理の担当者が役割を果たす

ことになります。

　また、リスクアセスメントの実施に際し、事業者が作業標準・作業手順書・仕様書などの資料を入手し、その情報を活用するとともに、①洗い出した作業、②特定した危険性または有害性、③見積もったリスク、④設定したリスク低減措置の優先度、⑤実施したリスク低減措置の内容を記録することを示しています。

● 工事計画の届出と審査

　労働安全衛生法88条1項〜3項では、事業者に対し、一定規模以上の建設工事などを行う事業者に対して、工事開始日の14日前または30日前に、所轄労働基準監督署長または厚生労働大臣に届け出ることを義務付けています。事前届出があった工事のうち、高度の技術的検討を要するものについては審査が行われ（89条1項）、法令違反があった場合には工事の差止めや計画変更の命令がなされます（88条6項）。これは計画段階で行われる災害防止のための措置です。

■ リスクアセスメントの実施体制と役割 …………………………

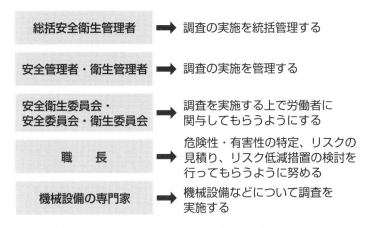

総括安全衛生管理者 ➡	調査の実施を統括管理する
安全管理者・衛生管理者 ➡	調査の実施を管理する
安全衛生委員会・安全委員会・衛生委員会 ➡	調査を実施する上で労働者に関与してもらうようにする
職　　長 ➡	危険性・有害性の特定、リスクの見積り、リスク低減措置の検討を行ってもらうように努める
機械設備の専門家 ➡	機械設備などについて調査を実施する

※事業者は調査を実施する者に対して必要な教育を実施する

Q 取扱いに高い危険が伴う機械等は、検査を受けなければ使用できないのでしょうか。

A 労働安全衛生法37条1項では、①ボイラー、②第一種圧力容器、③クレーン、④移動式クレーン、⑤デリック、⑥エレベーター、⑦建設用リフト、⑧ゴンドラの8種類の機械を「特定機械等」と規定し、労働災害を防止するための規制を定めています。

特定機械等は、業務において特に危険とされる作業に用いられる機械等であるため、これらが正常に動作しなかった場合には非常に重大な労働災害を引き起こすおそれがあります。そのため、特定機械等を製造する際は、不良品による事故が発生しないように、あらかじめ都道府県労働局長の許可を受けることが必要とされています（37条）。

また、一度は使用を廃止した特定機械等を再び使用することとなった場合も、安全を守るために都道府県労働局長の検査を受けなければなりません（38条1項）。さらに、特定機械等を設置した場合や何らかの変更を加えた場合等にも、労働基準監督署長の検査を受けなければ使用することができません（38条3項）。

検査に合格した特定機械等には「検査証」が交付されます。この検査証がない特定機械等の譲渡・貸与は認められません（40条2項）。検査証には有効期間があり、有効期間の更新には登録性能検査機関が行う性能検査を受ける必要があります（41条2項）。その上で、特定機械等の場合は事業者が自ら点検を行うことが求められています。

なお、特定機械等以外にも、定期に自主検査をすることが規定されている機械等があり、それらの中でも一定の機械等については、有資格者または登録検査業者（依頼に応じて特定自主検査を行うことが認められた業者のことで、厚生労働省もしくは都道府県労働局に備えられた検査業者名簿に登録される）に検査（特定自主検査）を実施させることが必要とされています（45条1〜2項）。

8 機械の使用にあたっての注意点について知っておこう

リフトやゴンドラの扱いも注意する必要がある

● 車両用建設機械を使用した作業の安全を確保するための措置

　車両系建設機械とは、主として以下のものを指します（労働安全衛生法施行令別表第7）。

① 整地、運搬、積込み用機械としてのブル・ドーザー、モーター・グレーダー、トラクター・ショベル、ずり積機、スクレーパー

② 掘削用機械としてのパワー・ショベル、ドラグ・ショベル、ドラグライン、クラムシェル、バケット掘削機、トレンチャー

③ 基礎工事用機械としてのくい打機、くい抜機、アース・ドリル

④ 締固め用機械としてのローラー

⑤ コンクリート打設用機械としてのコンクリートポンプ車

⑥ 解体用機械としてのブレーカ

　車両用建設機械を使用する場合において、作業の安全を確保するために事業者が講ずべき措置については、主として労働安全衛生規則で規定されています。

　車両系建設機械には、前照灯を備える必要があります。ただし、作業を安全に行うための照度が保持されている場所では、前照灯を備える必要はありません（労働安全衛生規則152条）。

　また、岩石の落下等により労働者に危険が生ずるおそれのある場所で車両系建設機械（ブル・ドーザー、トラクター・ショベル、ずり積機、パワー・ショベル、ドラグ・ショベル、解体用機械に限る）を使用する際には、その車両系建設機械に堅固なヘッドガードを備えなければなりません（労働安全衛生規則153条）。

　車両系建設機械を使って作業を行う際には、その車両系建設機械の

転落、地山の崩壊等による労働者の危険を防止するために、当該作業を行う場所の地形、地質の状態を調査し、その結果を記録しておく必要があります（労働安全衛生規則154条）。

　事業者は、車両系建設機械を用いて作業を行う場合には、事前に上述の調査により知り得たところに適応する作業計画を定め、作業計画に従って作業を行わなければなりません。作業計画には、①使用する車両系建設機械の種類・能力、②車両系建設機械の運行経路、③車両系建設機械による作業の方法を示し、事業者は、その作業計画を労働者に対して周知しなければなりません（労働安全衛生規則155条）。さらに、車両系建設機械を使って作業を行うときは、乗車席以外の箇所に労働者を乗せてはいけません（労働安全衛生規則162条）。

◉ くい打ち機を使用した作業の安全を確保するための措置

　動力を用いるくい打機やくい抜機（不特定の場所に自走できるものを除く）、ボーリングマシンの機体・附属装置・附属品については、労働者の安全を守るため、使用の目的に適応した必要な強度を有し、著しい損傷・摩耗・変形・腐食のないものでなければ使用することはできません（労働安全衛生規則172条）。

　また、動力を用いるくい打機やくい抜機、ボーリングマシンについては、倒壊を防止するため、労働安全衛生規則173条により定められた以下のような措置を講じる必要があります。

①軟弱な地盤への据付時は、脚部・架台沈下防止のため、敷板、敷角を使用する、②施設や仮設物等への据付時は、耐力確認の上、不足時は補強する、③脚部・架台が滑動するおそれがある場合、くい・くさびで固定させる、④くい打機・くい抜機・ボーリングマシンは、不意の移動を防ぐため、レールクランプ、歯止めで固定させる、⑤控え（控線を含む）のみで頂部を安定させる場

合、その数を3以上とし、末端は堅固な控えぐいや鉄骨に固定させる、⑥控線のみで頂部を安定させる場合、控線の等間隔配置や数を増やす方法で安定させる、⑦バランスウエイトで安定させる場合、移動を防止するため、架台に確実に取り付ける

● 玉掛け作業の安全を確保するための措置

クレーン、移動式クレーン、デリックの玉掛用具について、ワイヤロープの安全係数（安全に使用できる限度や基準などを示す数値）は6以上、フック、シャックルの安全係数は5以上と定められています（クレーン等安全規則213条、214条）。ワイヤロープ、つりチェーンなどの器具を用いて玉掛け作業を行うときは、その日の作業を開始する前に当該器具の異常の有無について点検を行い、異常を発見した場合には直ちに補修する必要があります（クレーン等安全規則220条）。

● 移動式クレーンを使用する作業の安全を確保するための措置

移動式クレーンを使って作業を行う場合には、当該移動式クレーンに、その移動式クレーン検査証を備え付けておかなければなりません（クレーン等安全規則63条）。また、移動式クレーンは、厚生労働大臣が定める基準（移動式クレーンの構造に関係する部分に限ります）に適合するものであることが必要です（クレーン等安全規則64条）。

移動式クレーンを使用する際には、当該移動式クレーンの構造部分を構成する鋼材等の変形、折損等を防止するため、当該移動式クレーンの設計の基準とされた負荷条件に留意します（クレーン等安全規則64条の2）。また、移動式クレーンの巻過防止装置については、フック、グラブバケット等のつり具の上面または当該つり具の巻上げ用シーブの上面と、ジブの先端のシーブその他当該上面が接触するおそれのある物（傾斜したジブを除きます）の下面との間隔が0.25m以上

（直働式の巻過防止装置では、0.05m以上）となるように調整してお
かなければなりません（クレーン等安全規則65条）。

　移動式クレーンを使って作業を行う際には、移動式クレーンの転倒
等による労働者の危険を防止するため、あらかじめ、作業に必要な場
所の広さ、地形や地質の状態、運搬しようとする荷の重量、使用する
移動式クレーンの種類・能力等を考慮して、以下の事項を定める必要
があります（クレーン等安全規則66条の２）。

・移動式クレーンによる作業の方法
・移動式クレーンの転倒を防止するための方法
・移動式クレーンによる作業に係る労働者の配置・指揮の系統

● エレベーターを使用する作業の安全を確保するための措置

　エレベーターの使用については、クレーン等安全規則147条〜150条
において、事業者が講ずべき安全確保のための具体的な措置が定めら
れています。たとえば、エレベーターを使って作業を行う際は、作業場
所にエレベーター検査証を備え付ける必要があります。また、厚生労働
大臣の定める基準（エレベーターの構造部分に限ります）に適合してい
ないエレベーターを使用することはできません。エレベーターのファイ
ナルリミットスイッチ、非常止めその他の安全装置が有効に作用するよ
うな調整を行うことも必要とされています。さらに、エレベーターにそ
の積載荷重を超える荷重をかけて使用することが禁止されています。

● 建設用リフトを使用する作業の安全を確保するための措置

　建設用リフトの使用については、クレーン等安全規則180条〜184
条において、事業者が講ずべき安全確保のための具体的な措置が定め
られています。たとえば、建設用リフトを使って作業を行う際は、作
業場所に建設用リフト検査証を備え付ける必要があります。また、厚
生労働大臣の定める基準（建設用リフトの構造部分に限ります）に適

合しない建設用リフトは使用できません。さらに、巻上げ用ワイヤロープに標識を付すること、警報装置を設けることなど巻上げ用ワイヤロープの巻過ぎによる労働者の危険を防止するための措置や、積載荷重をこえる荷重をかけて使用しないことも必要です。

ゴンドラを使用する作業の安全を確保するための措置

ゴンドラを使用する作業の安全確保のための措置は、ゴンドラ安全規則13条〜22条に定められています。たとえば、ゴンドラにその積載荷重を超える荷重をかけての使用は禁止されています。また、ゴンドラの作業床の上で、脚立、はしご等を使用して労働者に作業させることも禁止されています。ゴンドラを使用して作業を行うときは、ゴンドラの操作について一定の合図を定め、合図を行う者を指名した上で合図を行わせる必要があります。

そして、ゴンドラの作業床で作業を行う労働者には、要求性能墜落制止用器具等を使用させなければなりません。強風、大雨、大雪等の悪天候のため、ゴンドラを使用する作業の実施について危険が生じる可能性がある場合には、当該作業を行ってはいけません。

■ ゴンドラの作業開始前点検（ゴンドラ安全規則22条）⋯⋯⋯

ゴンドラ使用時の事前点検事項

- ワイヤロープ及び緊結金具類の損傷及び腐食の状態
- 手すり等の取りはずし及び脱落の有無
- 突りょう、昇降装置等とワイヤロープとの取付け部の状態及びライフラインの取付け部の状態
- 巻過防止装置その他の安全装置、ブレーキ及び制御装置の機能
- 昇降装置の歯止めの機能
- ワイヤロープが通っている箇所の状態

⑨ 作業環境を確保するための必要な措置について知っておこう

安全を確保するための措置を講じる必要がある

● 掘削工事の安全を確保するための措置

　事業者は、地山の掘削の作業を行う際に、地山の崩壊、埋設物の損壊等により労働者に危険を及ぼす可能性がある場合には、あらかじめ、作業箇所とその周辺の地山について以下の事項を調査し、掘削の時期と順序を定めて作業を行う必要があります（労働安全衛生規則355条）。

① 　形状、地質や地層の状態

② 　き裂、含水、湧水・凍結の有無および状態

③ 　埋設物等の有無および状態

④ 　高温のガス・蒸気の有無および状態

　事業者は、手掘りにより地山の掘削作業を行う場合には、掘削面のこう配について、規定された基準を遵守しなければなりません（労働安全衛生規則356条）。たとえば、掘削面の高さが5m未満の岩盤または堅い粘土からなる地山では、掘削面のこう配は90度以下でなければなりません。

　また、掘削面の高さが2m以上となる地山の掘削作業を行う場合には、「地山の掘削及び土止め支保工作業主任者技能講習」を修了した者のうちから、地山の掘削作業主任者を選任する必要があります（労働安全衛生規則359条）。

　選任された地山の掘削作業主任者は、主に次の3つの業務を担当します（労働安全衛生規則360条）。

① 　作業の方法を決定し、作業を直接指揮すること

② 　器具と工具を点検し、不良品を取り除くこと

③ 　要求性能墜落制止用器具等と保護帽の使用状況を監視すること

なお、明り掘削（坑外で行われる掘削作業のこと）の作業を行う場合、掘削機械・積込機械・運搬機械の使用によるガス導管、地中電線路その他地下に存在する工作物の損壊によって、労働者に危険が及ぶ可能性がある場合には、これらの機械を使用してはいけません（労働安全衛生規則363条）。

明り掘削の作業を行う場合には、あらかじめ、運搬機械等（車両系建設機械と車両系荷役運搬機械等を除いた運搬機械・掘削機械・積込機械）の運行の経路と、これらの機械の土石の積卸し場所への出入の方法を定めて、これを関係労働者に周知させる必要があります（労働安全衛生規則364条）。また、明り掘削の作業を行う場合において、運搬機械等が、労働者の作業箇所に後進して接近するとき、または転落するおそれがあるときは、誘導者を配置して、誘導者にこれらの機械を誘導させなければなりません（労働安全衛生規則365条）。

● 足場の組立ての安全を確保するための措置

事業者は、つり足場、張出し足場または高さが2m以上の構造の足場について、その組立て、解体または変更の作業を行う際には、以下の措置を講じる必要があります（労働安全衛生規則564条）。

① 組立て・解体・変更の時期・範囲・順序を当該作業に従事する労働者に周知させること

② 組立て・解体・変更の作業を行う区域内には、関係労働者以外の労働者の立入りを禁止すること

③ 強風、大雨、大雪等の悪天候のため、作業の実施について危険がある場合には、作業を中止すること

④ 足場材の緊結、取りはずし、受渡し等の作業にあっては、幅40cm以上の作業床を設け、労働者に要求性能墜落制止用器具を使用させるなど、墜落による労働者の危険を防止する措置を講ずること

⑤ 材料、器具、工具等を上げ、またはおろすときは、つり綱、つり

袋等を労働者に使用させること

また、つり足場等（ゴンドラのつり足場を除くつり足場、張出し足場、高さ５ｍ以上の構造の足場）の組立て・解体・変更の作業を行う場合には、事業者は「足場の組立て等作業主任者技能講習」を修了した者のうちから、足場の組立て等作業主任者を選任した上で（労働安全衛生規則565条）、その選任した足場の組立て等作業主任者に対して、以下の事項を行わせる必要があります。ただし、解体作業の際は、①の事項を行わせる必要はありません（労働安全衛生規則566条）。

① 材料の欠点の有無を点検し、不良品を取り除くこと

② 器具・工具・要求性能墜落制止用器具等と保護帽の機能を点検し、不良品を取り除くこと

③ 作業の方法と労働者の配置を決定し、作業の進行状況を監視すること

④ 要求性能墜落制止用器具等と保護帽の使用状況を監視すること

事業者は、足場やつり足場における、その日の作業開始前に、安全状態を点検し、異常がある場合には、直ちに補修しなければなりません（労働安全衛生規則567条１項、568条）。

● 高所作業車を使用する作業の安全を確保するための措置

事業者は、高所作業車（運行の用に供するものを除きます）については、前照灯と尾灯を備えなければなりません。ただし、走行の作業を安全に行うため必要な照度が確保されている場所では、その必要はありません（労働安全衛生規則194条の８）。

また、高所作業車を用いて作業（道路上の走行の作業を除きます）を行うときは、当該作業を行う場所の状況や当該高所作業車の種類・能力等に適応する作業計画を定めた上で、当該作業計画により作業を行う必要があります（労働安全衛生規則194条の９）。

さらに、高所作業車の運転者が走行のための運転位置から離れる場

合（作業床に労働者が乗って作業を行う場合を除きます）には、当該運転者に以下の措置を講じさせる必要があります（労働安全衛生規則194条の13）。

① 作業床を最低降下位置に置くこと

② 原動機を止め、かつ、停止の状態を保持するためのブレーキを確実にかけるなどの高所作業車の逸走を防止する措置を講ずること

　そして、高所作業車（作業床において走行の操作をする構造のものを除きます）を走行させる際には、高所作業車の作業床に労働者を乗せてはいけません。ただし、平坦で堅固な場所において高所作業車を走行させる場合の例外措置が設けられています。具体的には、以下の措置を講じた際は、労働者を乗せることができます（労働安全衛生規則194条の20）。

① 誘導者を配置し、その者に高所作業車を誘導させること

② 一定の合図を定め、誘導者に合図を行わせること

③ あらかじめ作業時における高所作業車の作業床の高さとブームの長さ等に応じた高所作業車の適正な制限速度を定め、それにより運転者に運転させること

● 2m以上の高所からの墜落による危険を防止するための措置

　事業者は、高さが2m以上の箇所（作業床の端・開口部等を除きます）で作業を行う場合で、墜落により労働者に危険が生じる可能性がある際は、足場を組み立てるなどの方法により作業床を設けなければなりません。作業床の設置が難しい場合は防網を張り、労働者に要求性能墜落制止用器具を使用させるなど、墜落による危険を防止するための措置を講じる必要があります（労働安全衛生規則518条）。

　高さが2m以上の箇所で作業を行う場合で、労働者が要求性能墜落制止用器具等を使用する際には、要求性能墜落制止用器具等を安全に取り付けるための設備等を設ける必要があります。労働者が要求性能

墜落制止用器具等を使用する際には、要求性能墜落制止用器具等やその取付け設備等の異常の有無を、随時点検しなければなりません（労働安全衛生規則521条）。また、強風、大雨、大雪等の悪天候のため、当該作業の実施について危険が予想される場合には、当該作業に労働者を従事させてはいけません（労働安全衛生規則522条）。

● 作業構台の作業の安全を確保するための措置

事業者は、仮設の支柱や作業床等により構成され、材料や仮設機材の集積・建設機械等の設置・移動を目的とする高さが2m以上の設備で、建設工事に使用するもの（作業構台）の材料には、著しい損傷・変形・腐食のあるものを使用してはいけません（労働安全衛生規則575条の2）。

作業構台を組み立てる際には、組立図を作成し、その組立図に従って組み立てなければなりません。また、この組立図は、支柱・作業床・はり・大引き等の部材の配置や寸法が示されている必要があります（労働安全衛生規則575条の5）。

● 作業のための通路の安全を確保するための措置

事業者は、作業場に通ずる場所と作業場内の通路については、労働者が安全に業務を遂行するため、安全に使用できるような通路を設ける必要があります（労働安全衛生規則540条以下）。

● コンクリート造りの工作物の解体作業の安全を確保する措置

事業者は、コンクリート造の工作物（その高さが5m以上であるものに限ります）の解体または破壊の作業を行う場合には、工作物の倒壊や物体の飛来・落下等による労働者の危険を防止するため、工作物の形状・き裂の有無や周囲の状況等を調査して作業計画を定め、その作業計画に基づいて作業を行う必要があります（労働安全衛生規則

517条の14)。この作業計画には、以下の事項を示すことが必要です。

① 作業の方法と順序

② 使用する機械等の種類と能力

③ 控えの設置、立入禁止区域の設定その他の外壁・柱・はり等の倒壊や落下による労働者の危険を防止するための方法

　上記の解体・破壊の作業において講ずべき安全措置としては、以下のものがあります（労働安全衛生規則517条の15）。

① 作業区域内の関係労働者以外の労働者の立入りを禁止する

② 強風・大雨・大雪等の悪天候で作業の実施に危険が予想される場合は作業を中止する

③ 器具・工具等を上げ下げする際には、つり綱・つり袋等を労働者に使用させる

　また、事業者は、「コンクリート造の工作物の解体等作業主任者技能講習」の修了者のうちから、コンクリート造の工作物の解体等作業主任者を選任しなければなりません（労働安全衛生規則517条の17）。

● 橋梁・架設の作業の安全を確保するための措置

　事業者は、橋梁の上部構造であって、コンクリート造のもの（その高さが5m以上であるもの、または当該上部構造のうち橋梁の支間が30m以上である部分に限ります）の架設または変更の作業を行う際には、作業計画を定め、その作業計画に従って作業を行う必要があります（労働安全衛生規則517条の20）。

　その上で、上記の架設・変更の作業を行う際は、以下の措置を講じる必要があります（労働安全衛生規則517条の21）。

① 作業を行う区域内には、関係労働者以外の労働者の立入りを禁止すること

② 強風・大雨・大雪等の悪天候のため、作業の実施について危険が予想されるときは、作業を中止すること

③　材料・器具・工具類等を上げ下げする際には、つり綱・つり袋等を労働者に使用させること

④　部材・架設用設備の落下・倒壊により労働者に危険を及ぼす可能性がある場合には、控えの設置、部材・架設用設備の座屈・変形の防止のための補強材の取付け等の措置を講ずること

　また、事業者は、「コンクリート橋架設等作業主任者技能講習」の修了者のうちから、コンクリート橋架設等作業主任者を選任しなければなりません（労働安全衛生規則517条の22）。

◉ 型わく支保工の作業の安全を確保するための措置

　事業者は、型わく支保工（支柱・はり・つなぎなどの部材により構成され、建設物におけるコンクリートの打設に用いる型枠を支持する仮設の設備のこと）の材料については、著しい損傷・変形・腐食があるものを使用してはいけません（労働安全衛生規則237条）。型わく支保工に使用する支柱・はり・はりの支持物の主要な部分の鋼材については、所定の日本工業規格に適合するものを使用する必要があります（労働安全衛生規則238条）。型わく支保工については、型わくの形状、コンクリートの打設の方法等に応じた堅固な構造のものでなければ、使用してはいけません（労働安全衛生規則239条）。

　型わく支保工を組み立てるときは、組立図を作成し、その組立図に従って組み立てる必要があります。組立図は、支柱・はり・つなぎ・筋かい等の部材の配置・接合の方法・寸法が示されているものでなければなりません（労働安全衛生規則240条）。

　また、事業者は、型わく支保工については、支柱の沈下や支柱の脚部の滑動などを防止するための措置を講じる義務を負います（労働安全衛生規則242条）。そして、「型枠支保工の組立て等作業主任者技能講習」の修了者のうちから、型枠支保工の組立て等作業主任者を選任しなければなりません（労働安全衛生規則246条）。

ずい道等における危険防止策について知っておこう

落盤、地山崩壊、爆発、火災などの危険に備える

● 落盤や地山崩壊などを防止するためには

　ずい道等（ずい道（トンネル）、たて坑以外の抗のこと）の建設の作業は、ずい道等に特有の危険をはらんでいるため、その対策を中心とする安全確保の措置が必須です。ずい道等の建設工事には、落盤や出入口付近の地山の崩壊といった特有の危険があります。

　そのため、事業者は、落盤防止措置としてずい道支保工を設けなければならないこと、ロックボルトを施すなどの防止措置を講じなければなりません（労働安全衛生規則384条）。

　また，ずい道等の出入り口付近の地山の崩壊等による危険の防止措置として、土止め支保工（土砂崩れなどを未然に防ぐための仮設構造物）を設けなければならないとともに、防護網を張るなどの危険防止措置を講じなければなりません（労働安全衛生規則385条）。さらに、浮石の落下、落盤、肌落ちにより労働者に危険を及ぼすおそれがある場所には、関係労働者以外の労働者を立ち入らせないようにする他（労働安全衛生規則386条）、運搬機械等の運行経路の周知、誘導者の配置、保護帽の着用、照度の保持についても定めています（労働安全衛生規則388条）。

● 爆発や火災などを予防するためには

　ずい道等の内部における工事には閉塞性があり、換気が悪いという特殊性があります。そのため、万が一の事故の際、被害を拡大させる場合があります。その代表例は、爆発や火災による事故です。ずい道等の内部は、爆発の衝撃、火炎、煙といった有害なものからの逃げ場

がほとんどありません。そのため、事業者に対して適切な安全確保措置をとることを義務付けています。

まず、ずい道等の建設の作業を行う場合において、可燃性ガスが発生するおそれがあるときは、定期的に可燃性ガスの濃度測定および記録を行わなければなりません（労働安全衛生規則382条の２）。

次に、可燃性ガスの発生が認められる場合には、自動警報装置の設置も必要です。自動警報装置は、検知部周辺で作業を行っている労働者に対し、可燃性ガス濃度の異常な上昇を速やかに知らせることのできる構造としなければなりません。そして、作業開始前に必ず自動警報装置を点検し、異常があれば直ちに補修する必要があります（労働安全衛生規則382条の３）。

その他、火災や爆発などの事態に備え、警報装置が作動した場合にとるべき措置の策定と周知、火気を使用する場合における防火担当者の指名、消火設備の設置と使用方法・設置場所の周知などの対策も必要です（労働安全衛生規則389条の２～389条の５）。そして、ずい道等の内部の視界を保持するため、換気を行い、水をまくなどの必要な措置を講じる必要もあります（労働安全衛生規則387条）。

■ 落盤・地山崩壊の防止措置 …………………………………………

落盤の危険	⇒	落盤の防止措置 ①ずい道支保工の設置　②ロックボルトを施す措置
地山の 崩壊の危険	⇒	地山の崩壊の防止措置 ①土止め支保工の設置　②防護網を張る措置
落石の危険	⇒	関係者以外の立入禁止

その他の講ずべき措置
機械の運行経路周知・誘導者の配置・保護帽の着用・照度の保持措置など

安全衛生教育について知っておこう

事業者は十分な安全衛生教育を行う義務を負う

● なぜ安全衛生教育をするのか

　事業場には、重大な事故につながる可能性をもつ様々な危険が潜んでいます。たとえば、作業に必要な機器類が故障している場合や乱雑に散らかっている場合、換気の設備が不十分な場合など「作業現場の環境に不備があること」がそのひとつです。一方、人体に有害な薬品を取り違えた場合や、重機の操作を誤った場合など「労働者のわずかな気の緩み、ささいな手違い、知識のなさ」が事故を引き起こす原因となるケースもあります。

　このような原因から事業場で起こる事故を防ぎ、安全な労働環境を確保するためには、機器類に十分なメンテナンスを施し、作業場の環境を整えるといったハード面の対応に加え、労働者に対して注意喚起を行う、作業に関する訓練をする、必要な知識を提供する、といったソフト面の対応が不可欠だといえるでしょう。作業に関する技術の進展が目覚ましい昨今においては、労働者が従事する作業内容は徐々に軟化傾向にあることから、事故の原因として労働者の適切な知識の不足や、十分な経験の不足に起因することが少なくありません。

● どんな場合に安全衛生教育が義務付けられているのか

　上記のような状況をふまえ、労働安全衛生法では、事業者が労働者に対して一定の**安全衛生教育**を行わなければならないことを規定しています。事業者に対して安全衛生教育の実施を義務付けているタイミングには、様々な時期があり、主に次のような場合に行うことが義務付けられています。

① 労働者を雇い入れたとき（59条1項）
② 労働者の作業内容を変更したとき（59条2項）
③ 危険または有害な業務に就かせるとき（59条3項）
④ 政令で定める業種において新たに職長等の職務につくとき（60条1項）

この他、義務とはされていませんが、事業場での安全衛生の水準の向上を図るため、危険・有害業務に従事している労働者に対する安全衛生教育に努めることなどを求めています（60条の2第1項）。

なお、労働者に対する安全衛生教育は、必ずしも当該事業者内部のみで行わなければならないものではありません。場合によっては、各労働災害防止団体が主催するセミナー等を受講するということも有用です。

● 雇入れ時や作業内容を変更したときの教育

業務に関する知識のない労働者や、作業現場に不慣れな労働者がいると、事故発生の確率が高くなります。このため、事業者が新たに労働者を雇い入れたときや、労働者の作業内容を変更したときに、以下

■ 安全衛生教育の種類と概要 ·····························

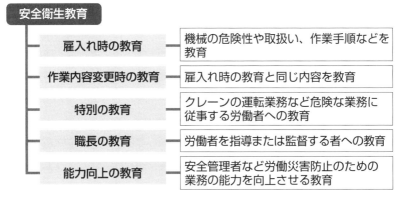

の安全衛生教育をする必要があります（労働安全衛生規則35条1項）。

① 機械等・原材料等の危険性・有害性および取扱方法
② 安全装置・有害物抑制装置・保護具の性能および取扱方法
③ 作業手順
④ 作業開始時の点検
⑤ 当該業務に関して発生のおそれがある疾病の原因・予防
⑥ 整理、整頓および清潔の保持
⑦ 事故時等における応急措置と退避
⑧ その他当該業務に関する安全・衛生のための必要事項

　労働安全衛生法施行令2条3号に掲げる業種（安全管理者の選任を必要としない158ページ図の「上記以外の業種」のこと）では、①〜④の教育を省略することができます。なお、雇入時・作業内容変更時の教育を怠った場合、事業者には50万円以下の罰金が科せられます（120条、122条）。特別の教育や職長等の教育などを含めた安全衛生教育を、社外の研修や講習という形で行う場合の参加費や旅費については、事業者の負担となります。

● 職長等を対象にした安全衛生教育

　労働安全衛生法60条は、一定の業種に該当する事業場で新たに職務に就くこととなった職長等（職長・係長・班長など）に対し、事業者が安全衛生教育（職長教育）を行うことを義務付けています。職長教育の内容は、作業方法の決定の仕方や、労働者の配置に関すること、労働者に対する指導・監督の方法などです。

　教育時間数については、作業手順の定め方や労働者の適正な配置の方法は2時間以上、指導・教育の方法や作業中における監督・指示の方法は2.5時間以上などと細かく規定されています。職長教育の科目について十分な知識や技能を有している労働者には、当該科目の教育の省略ができます。

● 建設業における安全衛生責任者への安全衛生教育とは

　建設工事の現場は、巨大な重機や高所での作業、火気の取扱いなどが多く、重大事故が起こりやすい環境にあります。また、事業者ごとの安全管理体制が徹底される必要があることはもちろんですが、複数の事業者が混在する現場においては、統括的な視点から安全管理体制を統一する必要があります。特に安全面を十分に確保するには現場監督など管理者の職務が非常に重要です。

　このため、厚生労働省労働基準局長より「建設業における安全衛生責任者に対する安全衛生教育の推進について」（平成13年3月26日基発第178号）という通達が出されています。この通達によると、対象者となるのは建設業において、安全衛生責任者として選任されて間もない者、新たに選任された者、将来選任される予定の者等です。

　具体的な教育内容については「職長・安全衛生責任者教育カリキュラム」によって、以下の科目が設定されています。

① 　作業方法の決定および労働者の配置（3時間）

② 　労働者に対する指導または監督の方法（3時間）

③ 　作業設備及び作業場所の保守管理（2時間）

④ 　異常時等における措置（2時間）

⑤ 　その他現場監督者として行うべき労働災害防止活動（2時間）

⑥ 　安全衛生責任者の職務等（1時間）

⑦ 　統括安全衛生管理の進め方（1時間）

　また、建設工事に従事する労働者に対して十分な安全衛生教育を行うよう建設業労働災害防止協会より「建設工事に従事する労働者に対する安全衛生教育に関する指針」が発表されています。

　なお、安全衛生教育の実施主体として、事業者が安全衛生団体等に委託した場合、安全衛生団体等は、修了者に対して修了証を書面で交付するとともに、教育修了者名簿を作成・保管することが求められます。

● 能力向上教育とは

　作業現場に設置されている機械や薬品類等は、日々進化しています。また、入職当時に十分な教育を受けていても、数年たつとその知識は劣化してしまう可能性があります。このため、労働安全衛生法19条の2および「労働災害の防止のための業務に従事する者に対する能力向上教育に関する指針」では、事業者が「安全管理者、衛生管理者、安全衛生推進者、衛生推進者」と「その他労働災害の防止のための業務に従事する者」（作業主任者、元方安全衛生管理者、店社安全衛生管理者、その他の安全衛生業務従事者）に対し、能力向上を図るための教育や講習等（能力向上教育）を行い、またはこれを受ける機会を与えるように努めるものとしています。

　能力向上教育は原則として就業時間内に1日程度で実施されます。能力向上教育の種類には、以下のものがあります。

①　初任時教育（初めて業務に従事する際に実施）

②　定期教育（業務の従事後、概ね5年ごとに実施）

③　随時教育（事業場において機械設備等に大幅な変更があった時に実施）

　能力向上教育では、安全管理者や衛生管理者など、主に管理者を対象とした教育を行うよう求めていますが、さらに安全性を高めるため

■ 能力向上教育 ···

【対象者】
①安全管理者、②衛生管理者、③安全衛生推進者、④衛生推進者、⑤その他労働災害の防止のための業務に従事する者

能力向上を図るための教育や必要な講習

能力向上教育	初任時教育（初めて業務に従事する際に実施）
	定期教育（業務の従事後、概ね5年ごとに実施）
	随時教育（事業場において機械設備等に大幅な変更があった時に実施）

には、実際に現場で作業する労働者についても同様に能力の向上を図る必要があります。このため、労働安全衛生法60条の2では、事業者が「現に危険または有害な業務に就いている者」に対し、その従事する業務に関する安全衛生教育を行うように努めるものとしています。「危険または有害な業務に現に就いている者に対する安全衛生教育に関する指針」によると、教育内容は労働災害の動向、技術革新の進展等に対応した事項に沿うものとされており、危険・有害業務ごとにカリキュラムが示されています。

● 安全衛生教育は労働時間にあたるのか

通達（昭和47年9月18日基発第602号）では、「安全衛生教育は、労働者がその業務に従事する場合の労働災害の防止を図るため、事業者の責任において実施されなければならないものであり、安全衛生教育については所定労働時間内に行うのを原則とする」ことと、「安全衛生教育の実施に要する時間は労働時間と解されるので、当該教育が法定時間外に行われた場合には、当然割増賃金が支払われなければならない」ことが示されています。つまり、安全衛生教育にかかる時間や費用を負担するのは原則として事業者であるということです。

■ 建設業における安全衛生教育の必要性 ………………………………

> **重大な事故の危険性**
> 　巨大な重機や高所での作業、火気の取扱いが多い
> **安全面の確保の必要性**
> 　複数の事業者が同じ現場で作業に当たるケースが多い

建設業における安全衛生責任者に対する安全衛生教育の推進について

【教育の対象者】
　建設業での安全衛生責任者として、①選任されて間もない者、②新たに選任された者、③将来選任される予定の者
【教育の内容】
　「職長・安全衛生責任者教育カリキュラム」による

12 就業制限のある業務について知っておこう

重大な事故となる危険が高い業務に就くためには、免許等が必要

● 就業制限のある業務とは

　労働者が従事する業務の中には、クレーンやフォークリフトの運転業務、ボイラーを取り扱う業務など、重大な事故を引き起こす危険性の高いものがあります。労働安全衛生法61条・労働安全衛生法施行令20条では、これらの業務に就く労働者を制限する定めを設けています（就業制限）。どのような労働者が就業可能なのかは、業務により異なりますが、以下のように分類されます。

① 　都道府県労働局長の免許を受けた者

② 　登録教習機関（都道府県労働局長の登録を受けた者）が行う技能講習を修了した者

③ 　厚生労働省令で定める一定の資格を持っている者

　①の免許が必要な業務の代表的なものとして、クレーン運転業務があります。クレーンは動力で重い荷物をつり上げ、水平に移動させる機械です。一定のつり上げ荷重以上のクレーンによって引き起こされる事故は重大なものとなる危険性が高いため、免許を取得していない者はその業務に就くことができません。

　免許取得の必要がないと認められる業務の場合は、②の技能講習を修了することで就業可能です。クレーンの運転についても比較的安全とされる床上操作式クレーンの運転業務は「床上操作式クレーン運転技能講習」、1ｔ以上5ｔ未満の荷物をつり上げる移動式クレーンの運転業務は「小型移動式クレーン運転技能講習」を修了することで、それらの業務に就くことができます。

　なお、①～③のいずれにも該当しない者であっても、例外的な措置

があります。具体的には、職業能力開発促進法に基づく都道府県知事の認定を受けた職業訓練を修了した者が、就業制限に係る業務に就くことが認められる場合があります（61条4項）。

■ 就業制限のある業務 …………………………………………………

就業制限のある業務の例

- 発破の場合におけるせん孔、装てん、結線、点火および不発の装薬、残薬の点検、処理の業務
- 制限荷重が5t以上の揚貨装置の運転の業務
- ボイラー（小型ボイラーを除く）の取扱いの業務
- つり上げ荷重が5t以上のクレーン（跨線テルハを除く）の運転の業務
- つり上げ荷重が1t以上の移動式クレーンの運転の業務 ※
- つり上げ荷重が5t以上のデリックの運転の業務
- 可燃性ガスや酸素を用いて行う金属の溶接、溶断、加熱の業務
- 最大積載量が1t以上の不整地運搬車の運転の業務 ※
- 作業床の高さが10m以上の高所作業車の運転の業務 ※

※ 道路上を走行させる業務は除きます。

免許や技能講習

業務	内容
クレーン運転業務	・クレーン・デリック運転士免許 ・移動式クレーン運転士免許 ・床上操作式クレーン運転技能講習修了　　など
ボイラー取扱業務	・ボイラー技士免許（特級・1級・2級） ・ボイラー取扱技能講習修了　　など
車両系建設機械の運転業務	・車両系建設機械（整地・運搬・積込み用及び掘削用）運転技能講習修了 ・車両系建設機械（基礎工事用）運転技能講習修了　　など

⑬ 健康診断について知っておこう

事業主には健康診断を行う義務がある

● なぜ健康診断が必要なのか

　事業者は、労働安全衛生法などに基づき、労働者に対して健康診断を受けさせなければならない法令上の義務があります。

　そして、健康診断の結果に基づき、労働者の健康を維持するために必要がある場合には、就業場所の変更や深夜業の回数の減少など必要な措置を講じる必要があります（労働安全衛生法66条の5）。

　健康診断には、労働者に対して定期的に実施する「一般健康診断」と、有害業務に従事する労働者に対して行う「特殊健康診断」があります。まず、一般健康診断には、以下の種類があります。

① 雇入れ時の健康診断

　事業者は、常時使用する労働者（常用雇用者）を雇い入れるときは、定期健康診断の項目（次ページ図）のうち喀痰検査を除いた項目について、医師による健康診断を行わなければなりません（労働安全衛生規則43条）。健康診断項目の省略はできませんが、労働者が3か月以内に医師による診断を受けており、その結果を証明する書面を提出すれば、その項目についての健康診断を省略することができます。

② 定期健康診断

　事業者は、常時使用する労働者（特定業務従事者を除く）に対して、1年以内ごとに1回、定期健康診断の項目について、定期的に健康診断を行わなければなりません（労働安全衛生規則44条）。定期健康診断の場合は、雇入れ時の健康診断とは異なり、以下の項目については、所定の基準に基づき、医師が不要と認めれば、検査を省略することができます。

- 身長（20歳以上の者）
- 腹囲（40歳未満で35歳以外の者、BMI20未満の者など）
- 胸部エックス線検査（40歳未満かつ20歳、25歳、30歳、35歳以外の者で、所定の業務に従事していない者）
- 喀痰検査（胸部エックス線検査で病変の発見されない者など）
- 貧血検査、肝機能検査、血中脂質検査、血糖検査、心電図検査（40歳未満で35歳以外の者）

③　特定業務従事者の健康診断

　　事業者は、深夜業などの特定業務に常時従事する労働者（特定業務従事者）に対して、その業務への配置替えの際と6か月以内ごとに1回、定期的に定期健康診断と同じ項目の健康診断を行わなければなり

■ 定期健康診断の項目　……………………………………………

定期健康診断
- 既往症および業務歴の調査
- 自覚症状・他覚症状(医師の判断による)の有無の検査
- 身長・体重・腹囲・視力・聴力の検査
- 胸部エックス線検査・喀痰検査
- 血圧の測定
- 貧血検査(赤血球数、血色素量)
- 肝機能検査(GOT、GPT、γ-GTP)
- 血中脂質検査
- 血糖検査(空腹時血糖、平成30年4月から随時血糖が追加)
- 尿検査(尿中の糖および蛋白の有無の検査)
- 心電図検査

ません（労働安全衛生規則45条）。ただし、胸部エックス線検査と喀痰検査については、1年以内ごとに1回、定期的に行えば足ります。

④　海外派遣労働者の健康診断

事業者は、労働者を6か月以上海外に派遣するときは、事前の健康診断を行わなければなりません。また、6か月以上海外勤務した労働者を帰国させ、国内の業務に就かせるときも、事前の健康診断が必要です（労働安全衛生規則45条の2）。実施すべき検査項目は、双方ともに定期健康診断の各項目に加えて、以下の項目のうち医師が必要と認めるものです。

・腹部画像検査（胃部エックス線検査、腹部超音波検査）
・血液中の尿酸の量の検査
・B型肝炎ウイルス抗体検査
・ABO式およびRh式の血液型検査（派遣前に限る）
・糞便塗抹検査（帰国時に限る）

⑤　給食従業員の検便

事業に附属する食堂・炊事場における給食の業務に従事する労働者に対しては、雇入れ・配置替えの際に、検便を行わなければなりません。

■　一般健康診断の種類 ・・

一般健康診断

雇入れ時の健康診断	常時雇用者となる者に対して実施
定期健康診断	常時雇用者に対して1年に1回実施
特定業務従事者の健康診断	特定業務の常時雇用者に対して6か月に1回実施
海外派遣労働者の健康診断	6か月以上海外に派遣する労働者の派遣前と帰国時に実施
給食従業員の検便	給食業務に従事する労働者に対して実施

● 日雇労働者に対しても健康診断は必要なのか

日雇労働者の雇用時の健康診断はしなくてもかまいません。ただし、日雇労働者であっても、同じ事業者の事業場に以前2か月間にわたって各月18日以上雇用された者、または同一の事業場に連続して1か月を超えて雇用された場合は、原則として日雇労働者として扱われなくなることに注意しましょう。常時使用する労働者として1年以上（特定業務従事者は6か月以上）雇用が継続する予定であれば、事故防止のためにも定期的な健康診断は必要です。

● 特殊健康診断

特殊健康診断とは、①有害業務に従事する労働者に対する特別項目に関する健康診断、②過去に有害業務に従事していた労働者に対する健康診断、③有害業務に常時従事する労働者に対する歯科医師による健康診断のように、一般健康診断の他に行う特別項目に関する健康診断を指します（66条2項）。

● 建設関係で特殊健康診断をしなければならない業務とは

常時粉じん作業に従事する労働者及び従事したことのある労働者に対しては、じん肺健康診断を1～3年ごとに行います（就業時や離職時にも行います）。その他、有機溶剤健康診断、特定化学物質健康診断、高圧室内作業健康診断、石綿健康診断などの特殊健康診断は、雇入れ時、配置替えの際と6か月以内ごとに1回、定期に行います。

また、指針・通達においては、身体に著しい振動を与える業務（チェンソー、振動工具など）や騒音作業場の業務などに従事する労働者に対して、特定の項目の健康診断をする旨を定めています。

● 健康診断の時間や費用はどうなる

費用は、原則として事業者が負担します。健康診断の実施は、労働

安全衛生法などによって定められた事業者の義務であるためです。

　一方、健康診断に必要な時間の取扱いは、健康診断の種類によって取扱いが異なります。まず、雇入れ時の健康診断や定期健康診断は、業務に関連するものとはいえず、事業者に賃金の支払義務はないとされています。つまり、健康診断の時間は就業時間扱いにはなりません。しかし、労働者の多くが事業場を抜けて健康診断を受けることになると、業務が円滑に進みません。このため、労使間で協議の上、就業時間中に健康診断を実施し、事業者が受診に要した時間の賃金を支払うことが望ましいとするのが厚生労働省の見解です。

　これに対し、特定業務従事者の健康診断は、業務に関連して実施すべきものなので、所定労働時間内に実施し、賃金を支払うべきです。

● 健康診断の実施の手順

　厚生労働省は事業者が行う健康診断の結果をふまえて就業上の措置等を講じる手順として、次のような指針を示しています。

① 健康診断の実施

　必要な健康診断を実施し、労働者ごとに「異常なし」「要観察」「要医療」等の診断区分に関する医師等の判定を受けます。

② 二次健康診断の受診勧奨等

　医師の診断結果により二次健康診断の対象となる労働者を把握し、受診を勧奨し、二次健康診断の結果を提出するように働きかけます。

③ 医師等からの意見の聴取

　健康診断の結果について医師等から意見を聴きます。このとき、事業者は必要に応じて労働者の作業環境や作業負荷の状況、過去の健康診断の結果等の情報を提供します。

④ 就業上の措置の決定

　医師等の意見を聞き、労働者自身の意見を聞いて十分に話し合った上で、就業区分に応じた措置を決定します。

● 結果の通知や保険指導

　会社は、労働者に健康診断の結果を通知する義務を負っています。労働者は、会社での健康診断の結果を見て、自らの健康を維持するために必要なことを把握します。

　このように、会社は健康診断を受けた労働者に対し、異常の所見の有無にかかわらずその結果を通知する必要があります。

　例外として、HIVへの感染が発覚した事例について、「検診結果を通知することが、かえって従業員の人権を侵害するような場合には、会社はこれを従業員に通知してはならない」という判断をした裁判例があります（東京地裁平成７年３月30日判決）が、20年以上前の判断であることをふまえると、現在においてそのままあてはまるとは限りません。重病であることが発覚した場合の対処については、厚生労働省や専門家に確認し、マニュアルを策定しておくとよいでしょう。

● 医師による面接指導が行われる場合とは

　過重労働による健康障害を防止するため、長時間労働者に対して、医師による面接指導の実施を義務付ける制度です。長時間労働は、脳血管疾患や虚血性心疾患等の発症と関連性が強く、その予防のため、さらにはメンタルヘルスに対する配慮のため、医師による面接指導を行う必要があります。

　面接指導の対象となる労働者は、週40時間を超えて労働した場合で、その超えた時間が１か月あたり80時間を超え、かつ、疲労の蓄積が認められる労働者です。そのような労働者から申し出があった場合には、事業者は、原則として医師による面接指導を行わなければなりません。

　なお、超過時間が80時間以下の場合であっても、事業者は、週40時間を超える労働が１か月あたり45時間を超えたことにより疲労の蓄積が認められ、または健康上の不安を有している労働者に対しても面接指導、あるいはそれに準じる措置を行うことが望ましいとされています。

Q 健康管理手帳とはどのようなものなのでしょうか。

A ガンその他の重度の健康障害を生ずるおそれのある有害業務に従事していた者が、必要な健康診断を国費で受診できるように、国が手帳を交付する制度です（労働安全衛生法67条）。離職の際または離職後に、都道府県労働局長に申請し審査を経た上で、健康管理手帳が交付されます（労働安全衛生規則53条2項）。

就業中は、特定の有害業務に現在就いている者だけでなく、過去に就いていたことがある者についても、事業者の義務として特殊健康診断を実施しなければなりません（労働安全衛生法66条2項）。

しかし、離職（退職）者には事業者の義務が及びません。長い期間が経ってから発症する健康障害の場合、離職後に発症することも考えられるため、健康管理手帳の制度が設けられました。健康管理手帳の交付を受けると、離職後も指定された医療機関または健康診断機関で、定められた項目についての健康診断を決まった時期に年に2回（じん肺の健康管理手帳については年に1回）無料で受けることができます。

健康管理手帳を交付する業務として、石綿取扱業務など14種類の業務が規定されています（労働安全衛生法施行令23条）。これらの業務に従事していた者のうち、所定の要件（当該業務の従事日数などの要件があります、労働安全衛生規則53条1項）に該当する者が交付の対象になります。

健康管理手帳は離職後も申請ができますが、その際は「どの有害業務に従事したのか」「業務の従事期間」「事業場を退職した日」について、その事業者が証明書を発行することになります。また、事業者は制度の適正な運用のため健康管理手帳の制度について、従業員に周知する必要があります。

ストレスチェックについて知っておこう

定期健康診断のメンタル版といえる制度

● どんな制度なのか

近年、仕事や職場に対する強い不安・悩み・ストレスを感じている労働者の割合が高くなりつつあることが問題視されています。建設業においても、労働者は危険な建設現場で、過酷な肉体労働に従事しており、過労死や過労自殺の問題が深刻化しています。

労働安全衛生法においては、職場における**ストレスチェック**（労働者の業務上の心理的負担の程度を把握するための検査等）の義務化が実現しました（66条の10）。事業者が労働者のストレス状況を把握することと、労働者が自身のストレス状況を見直すことができる効果があります。

具体的には、労働者のストレス状況を把握するため、調査票に対する回答を求めます。ストレスチェックの調査票には「仕事のストレス要因」「心身のストレス反応」「周囲のサポート」の3領域をすべて含めることとなっています。

職場におけるストレスの状況は、職場環境に加えて、個人的な事情や体調（体の健康）など、様々な要因によって常に変化するものです。そのため、ストレスチェックは年に1回以上の定期的な実施が義務付けられています。

● ストレスチェック実施時の主な流れ

ストレスチェックは、労働者のストレス状況の把握を目的とするメンタル版の定期健康診断です。ストレスチェックについては、厚生労働省により、以下のようなルールが定められています。

① 会社は医師、保健師その他の厚生労働省令で定める者（以下「医師」という）による心理的負担の程度を把握するための検査（ストレスチェック）を行わなければならない。

② 会社はストレスチェックを受けた労働者に対して、医師からのストレスチェックの結果を通知する。医師は、労働者の同意なしでストレスチェックの結果を会社に提供してはならない。

③ ストレスチェックを受けて医師の面接指導を希望する労働者に対して、面接指導を行わなければならない。この場合、会社は当該申し出を理由に労働者に不利益な取扱いをしてはならない。

④ 会社は面接指導の結果を記録しておかなければならない。

⑤ 会社は、面接指導の結果に基づき労働者の健康を保持するために必要な措置について、医師の意見を聴かなければならない。

⑥ 医師の意見を勘案（考慮）し、必要があると認める場合は、就業場所の変更・作業の転換・労働時間の短縮・深夜業の回数の減少などの措置を講ずる他、医師の意見の衛生委員会等への報告その他の適切な措置を講じなければならない。

⑦ ストレスチェック、面接指導の従事者は、その実施に関して知った労働者の秘密を漏らしてはならない。

● 届出や報告などは必要なのか

　ストレスチェックを実施した後は「検査結果等報告書」を1年以内ごとに1回、定期に所轄労働基準監督署長へ提出しなければなりません（労働安全衛生規則52条の21）。検査結果等報告書には、検査の実施者、面接指導の実施医師、検査や面接指導を受けた労働者の数などを記載します。ただし、ここで記載する面接指導を受けた労働者の人数には、ストレスチェック以外で行われた医師の面談の人数は含みません。また、提出は事業場ごとに行う必要があるため、事業場が複数ある会社が、本社でまとめて提出する形をとることは認められません。

● ストレスチェックは強制なのか

　ストレスチェックの義務化の対象になるのは、労働者が常時50人以上従事する事業場です。この要件に該当する場合は、1年以内ごとに1回以上、定期にストレスチェックの実施が義務付けられています。

　なお、対象となる労働者は、常時使用される労働者で、一般健康診断の対象者と同じです。具体的には、無期雇用の正社員と、1年以上の有期雇用者で正社員の週労働時間数の4分の3以上働いているパートタイム労働者やアルバイトも対象です。派遣労働者の場合は、派遣元事業者が実施するストレスチェックの対象になります。

　健康診断とは異なり、事業者が実施するストレスチェックを受けることは労働者の義務ではありません。そのため、事業者は労働者にストレスチェックを強要（強制）することができず、労働者はストレスチェックを拒否することができます。ただし、ストレスチェックはメンタルヘルス不調の労働者の発生を防ぐための措置であるため、事業者は、労働者に対して、ストレスチェックによる効果や重要性について説明した上で、受診を勧めることが可能です。

　なお、ストレスチェックを拒否した労働者に対して、事業者は、解雇や減給などの不利益な取扱いを行ってはいけません。反対に、職場環境の問題発覚を恐れ、労働者に、ストレスチェックを受けないよう強要することも許されません。

　建設業は、労働者の入れ替わりが比較的頻繁な業種であるといえます。また、事業場の規模も小規模であることが多く、ストレスチェックが義務付けられている「労働者が常時50人以上の事業場」という要件から除かれる場合もあります。しかし、「建設工事従事者の安全及び健康の確保の推進に関する法律」では、メンタル対策の促進に関する規定が置かれており、他業種と同様にメンタル対策の必要性が認識されています。そこで、ストレスチェックが義務付けられたことに伴い、建設業労働災害防止協会は、自主的な取組みとして、健康KY活

動と定期的な無記名ストレスチェック活動を促しています。具体的には、職長が朝礼ごとに従業員に対して、睡眠等の項目に関する問いかけを実施するとともに（健康KY活動）、工期中にたびたび、全員一斉の無記名方式のストレスチェックに関するアンケートを実施します。そして無記名ストレスチェックの結果分析に基づき、職場環境の改善を図る活動の促進が求められています。

● 実施しなくても罰則はないのか

ストレスチェックを実施しなかった場合の罰則規定は特に設けられてはいません。ただし、所轄労働基準監督署長に対し検査結果等報告書を提出しなかった場合は、罰則の対象になります（120条5号）。

なお、ストレスチェックを実施しなかった場合においても、検査結果等報告書は1年以内ごとに1回定期に提出しなければなりません。ただし常時50人未満の労働者を使用する事業場は、検査結果等報告書の提出義務や罰則規定の対象外となります。

■ ストレスチェックの対象労働者 ……………………………………

事業所規模	雇用形態	実施義務
常時50人以上	正社員	義務
	非正規雇用者（パート・アルバイト等）	義務（正社員の4分の3以上の週労働時間である場合に限る）
	1年未満の短期雇用者	義務なし
	派遣労働者	派遣元事業者の規模が常時50人以上なら義務
常時50人未満	正社員	努力義務
	非正規雇用者（パート・アルバイト等）	努力義務（正社員の4分の3以上の週労働時間である場合に限る）
	1年未満の短期雇用者	義務なし
	派遣労働者	派遣元事業者の規模が常時50人未満なら努力義務

届出や審査が必要な仕事について知っておこう

「事前届出」と「審査」の二段構えになっている

● 計画の事前届出を義務付けている

労働安全衛生法88条では、安全面で問題のある労働環境の発生を計画の段階から食い止めるため、事業者に対し、一定の危険有害を伴う計画について、仕事開始日の30日前までに届出（事前届出）をすることを義務付けています。原則として、届出先は所轄労働基準監督署長ですが、以下のいずれかに該当する大規模な建設業の仕事の計画については、厚生労働大臣に届出をすることを義務付けています（労働安全衛生規則89条）。

① 高さが300m以上の塔の建設の仕事

② 堤高（基礎地盤から堤頂までの高さ）150m以上のダムの建設の仕事

③ 最大支間500m（つり橋にあっては1000m）以上の橋梁の建設の仕事

④ 長さが3000m以上のずい道等の建設の仕事

⑤ 長さが1000m以上3000m未満のずい道等の建設の仕事で、深さが50m以上のたて坑（通路として使用されるものに限る）の掘削を伴うもの

⑥ ゲージ圧力が0.3メガパスカル以上の圧気工法による作業を行う仕事

これに対し、一定の危険・有害機械等の設置等（設置、移転、主要構造部分の変更）の計画の届出先は所轄労働基準監督署長で、設置等の工事開始日の30日前に届け出る義務があります（労働安全衛生法88条1項）。この届出義務は業種や規模にかかわらず、一定の危険・有

害機械等の設置等の計画をする際に発生します。なお、労働基準監督署長が認定した事業者は、この届出義務が免除されます。

また、電気使用設備の定格容量の合計が300kw以上の「製造業、電気業、ガス業、自動車整備業、機械修理業に係る建設物・機械等の設置・移転等の計画」などを労働基準監督署長に届け出る義務については、平成26年施行の労働安全衛生法改正により廃止されています（現在は届出不要です）。

そして、建設業（前述した大規模な建設業の届出の対象となるものを除きます）および土石採取業における以下の仕事については、作業開始の14日前に、所轄労働基準監督署長への届出が必要です（労働安全衛生法88条3項、労働安全衛生規則90条）。

① 高さ31mを超える建設物または工作物（橋梁を除く）の建設等（建設・改造・解体・破壊）の仕事

② 最大支間50m以上の橋梁の建設等の仕事

③ 最大支間30m以上50m未満の橋梁の上部構造の建設等の仕事（一定の場所で行われるものに限る）

④ ずい道等の建設等の仕事（一定のものを除く）

⑤ 掘削の高さまたは深さが10m以上である地山の掘削の作業を行う仕事（一定のものを除く）

⑥ 圧気工法による作業を行う仕事

⑦ 建築物、工作物または船舶（鋼製の船舶に限る）に吹き付けられている石綿等（石綿等が使用されている仕上げ用塗り材を除く）の除去等（除去・封じ込め・囲い込み）の作業を行う仕事

⑧ 建築物、工作物または船舶（鋼製の船舶に限る）に張り付けられている石綿等が使用されている保温材、耐火被覆材等の除去等の作業を行う仕事

⑨ 一定の廃棄物焼却炉、集じん機等の設備の解体等の仕事

⑩ 掘削の高さまたは深さが10m以上の土石の採取のための掘削の作

業を行う仕事

⑪　坑内掘りによる土石の採取のための掘削の作業を行う仕事

　そして、以上の届出を受けた労働基準監督署長または厚生労働大臣は、計画内容が労働安全衛生法などの関係法令に違反してないかどうかを確認し、違反があるときは、事業者に対して計画の変更命令または工事・仕事の差止命令などを行います（労働安全衛生法88条6項）。

◉ どんな場合に厚生労働大臣の審査が必要なのか

　労働安全衛生法88条の事前届出（厚生労働大臣または労働基準監督署長への届出）で確認される法令の基準をクリアしたとしても、安全衛生の確保ができないケースがあります。労働安全衛生法89条では、厚生労働大臣は、事前届出のあった計画のうち、高度の技術的検討を必要とするものについて審査を行うことができると規定しています。

　「高度な技術的検討を必要とする計画」とは、新規に開発された工法や生産方式を採用する計画などを指します。審査は学識経験者の意見を聴いた上で、安全性確保の目的を達成するために行われ、届出人（事業者）に勧告・要請の形で是正を求める際は、届出人の意見も聴かなければなりません。事前届出による確認が法令の基準に照らして機械的に行われるのに対して、上記の審査は厚生労働大臣の裁量的側面が強いため、審査結果の適切性や柔軟性が保たれるように意見聴取などが定められています。

　また、厚生労働大臣の審査対象ではないが、都道府県労働局長が審査を行える工事計画があります（労働安全衛生法89条の2）。該当する工事計画の例として、「高さが100m以上の建築物の建設の仕事」「堤高が100m以上のダムの建設の仕事」「最大支間300m以上の橋梁の建設の仕事」のうち一定のものがあります。審査方法などは厚生労働大臣による審査と同様です（労働安全衛生規則94条の2）。

労災事故が発生した場合の手続きについて知っておこう

労働基準監督署への報告が必要

● 労災が発生したら何をすればよいのか

労災事故（事故による労働災害）が起こった場合は、まず被害を受けた労働者の傷病の状態を確認し、病院へ搬送するなどの対応をとります。事故の状況によっては警察や消防に通報し、労働者の家族への連絡も迅速に行います。その後は、労働者への救済措置や事故原因の究明、再発防止策の検討も必要です。

労働者が労災事故などによって死亡または休業した場合は、所轄労働基準監督署長に「労働者死傷病報告」を提出する必要があります。どのような労働災害（労災）が発生しているのかを監督官庁側で把握して、事故の発生原因の分析を行い、その統計を取ることで、労働災害の再発防止の指導などに役立たせています。ただし、通勤途中の死傷の場合には「労働者死傷病報告」の提出は不要です。

また、事業場内で火災爆発などの事故があった場合は「事故報告書」を所轄労働基準監督署長に提出することが必要です（労働安全衛生規則96条）。

● 天災でも労災の対象となるのか

天災は原則として労災の対象とはなりません。天災地変は不可抗力的に発生するものであり、その危険性は事業主（事業者）の支配、管理下にあるか否かに関係なく、個々の事業主に災害発生の責任を帰するのは困難です。しかし、潜在的な危険がある業務で天災地変が契機となって起きた災害については、労災として認められます。

たとえば、厚生労働省が公表している「東北地方太平洋沖地震と労

災保険Q＆A」では、「仕事中に、地震や津波により建物が倒壊したこと等、業務が原因で被災された場合は、労災補償の対象となります」「通勤途上で被災された場合も、業務災害と同様に労災補償の対象となります」など、労災として認める場合を具体的に示しています。

● 事故報告の対象となるのは

事業場等で発生したのが火災や爆発などの事故であった場合には、「事故報告書」を所轄労働基準監督署長に提出しなければなりません。事故報告の対象となる事故の一例としては次のようなものがあります。
・事業場内の火災または爆発
・ボイラーの破裂、煙道ガスの爆発
・建設物、附属建設物または機械集材装置、煙突、高架そうなどの倒壊事故
・クレーンのワイヤロープまたはつりチェーンの切断
・移動式クレーンの転倒、倒壊またはジブの折損
・エレベーターの昇降路等の倒壊または搬器の墜落
・建設用リフトの昇降路等の倒壊または搬器の墜落
・簡易リフト搬器の墜落
・ゴンドラの逸走、転倒、落下またはアームの折損

これらの事故が人災を伴えば「労働者死傷病報告」の提出も併せて必要ですが、事故報告書と同時に提出する場合は、重複する部分の記入は不要です。

● 労災隠しとは

故意に労働者死傷病報告を提出しない場合や、虚偽の内容を記載した労働者死傷病報告を提出することを、**労災隠し**といいます。前述したように、労災事故が発生した場合、事業場の所轄労働基準監督署長に労働者死傷病報告を提出しなければなりません。

しかし、労災事故を報告した場合、以後の保険料率が上がる可能性があります。労働保険料のメリット制が適用されるためです。また、労災事故が発生した場合、事業者の法的責任が問われることになるため、対外的な評判にも悪影響を与えます。

　このようなマイナス要因を避けるため、事業者が「治療にかかった費用は会社で負担すれば済むはずだ」「事故が起こったのは本人の不注意だから労災事故ではない」などと主張することがあります。そして実際に起きた労災事故を届け出ないために、労災隠しが問題になります。

● どんなペナルティがあるのか

　労災隠しをした者や、その者が所属する事業者は、労働安全衛生法100条違反（報告義務違反）として50万円以下の罰金に処せられます（120条、122条）。つまり、労災隠しは犯罪なので、刑事訴追されて裁判にかけられる可能性があることに注意を要します。

■ 労災認定の申請手続き ……………………………………………

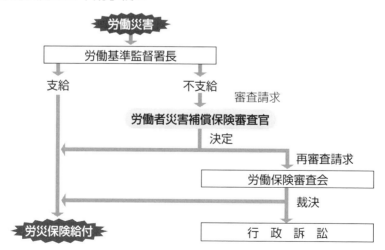

第7章

安全衛生に関する書式

安全衛生管理規程の作り方について知っておこう

安全衛生管理規程は就業規則の一部として取り扱われる

● なぜ安全衛生管理規程を作成する必要があるのか

　労働安全衛生法や労働安全衛生規則では、事業者（企業）が守るべき事項が詳細に規定されていますが、たとえば、建設業といっても工事内容や種類は様々であり、適切な安全管理を行うためには、各企業の実態に合った安全衛生に関わるルールを作成することが重要です。

　企業が積極的に安全衛生管理に関わるための手段のひとつとなるのが安全衛生管理規程の作成です。常時10人以上の労働者を雇用する企業には就業規則の作成義務がありますが、就業規則の記載事項の中には、必ず記載しなければならない事項（絶対的必要記載事項）と、「企業でルールを設ける場合、そのルールは就業規則に記載しなければならない」とされている事項があります。これを相対的必要記載事項といい、安全衛生に関する事項は相対的必要記載事項に該当します。

　したがって、企業が安全衛生に関する規定を置いた場合は、それを必ず就業規則に記載しなければなりません。分量が多くなる場合は就業規則の本則と切り分けて、安全衛生管理規程（次ページ）を別途作成することになりますが、安全衛生管理規程は就業規則の一部として取り扱われます。安全衛生管理規程を作成し、これを労働者に順守してもらうことで、労働災害を未然に防止することができます。

　安全衛生規程の作成にあたっては、安全管理体制を十分に構築することが必要です。安全衛生委員会などの機関を設けることが必要な場合もあります。作業環境の維持・管理・整備や、健康診断も重要事項です。労働災害が発生した場合、安全衛生管理規程を作成していたことは、労働者の安全衛生管理に配慮していたことの証拠になります。

書式1　安全衛生管理規程

安全衛生管理規程

第1章　総　則

第1条（目的）　本規程は、就業規則の定めに基づき、従業員の安全と健康を確保するため、労働災害を未然に防止する対策、責任体制の明確化、危害防止基準の確立、自主的活動の促進、その他必要な事項を定め、従業員の安全衛生の管理活動を充実するとともに、快適な作業環境の形成を促進することを目的としてこれを定める。

2　従業員は、安全衛生に関する関係法令および会社の指揮命令を遵守し、会社と協力して労働災害の防止および職場環境の改善向上に努めなければならない。

第2章　安全衛生管理体制

第2条（総括安全衛生管理者）　会社は、安全および衛生に関し、各事業所にこれを統括管理する総括安全衛生管理者を選任する。職務について必要な事項は別に定める。

第3条（法定管理者等）　会社は、総括安全衛生管理者の他、安全および衛生管理を遂行するために、関係法令に基づき各事業所に法定管理者を次のとおり選任する。

　⑴　安全管理者

　⑵　衛生管理者　1名は専任とする

　⑶　産業医

　⑷　作業主任者

2　前項により選任された者は、その業務に必要な範囲に応じて安全および衛生に関する措置を講ずる権限を有する。

3　第1項により選任された者の職務について必要な事項は別に定める。

第4条（安全衛生委員会の設置）　会社は、安全衛生管理に関する重要事項を調査審議し、その向上を図るため、各事業所に安全衛

生委員会を設置する。

2　安全衛生委員会の運営に関する事項は、別に定める安全衛生委員会規則による。

第3章　安全衛生教育

第5条（安全衛生教育訓練）　会社は、安全および衛生のため次の教育訓練を行う。

⑴　入社時教育訓練

⑵　一般従業員教育訓練

⑶　配置転換・作業内容変更時の教育訓練

⑷　危険有害業務就業時の特別教育訓練

⑸　管理職（管理職就任時を含む）の教育訓練

⑹　その他総括安全衛生管理者が必要と認めた教育訓練

2　前項各号の教育訓練の科目および教育訓練事項については、別に定める。

3　会社は、第1項各号に定める教育訓練の科目および教育訓練事項について、十分な知識および経験を有していると認められる者に対しては、当該科目および事項を省略することができる。

第4章　健康管理

第6条（健康診断）　会社は、従業員を対象として、採用時および毎年1回定期に健康診断を実施する。

2　会社は、法令で定められた有害業務に従事する従業員を対象として、前項に定める健康診断に加えて、特別の項目に関わる健康診断を実施する。

3　従業員は、会社の行う健康診断を拒否してはならない。但し、やむを得ない事情により会社の行う健康診断を受け得ない従業員は、所定の診断項目について他の医師による健康診断書を提出しなければならない。

4　従業員は、自身の健康状態に異常がある場合は、速やかに会社に申し出なければならない。また、必要に応じて医師等の健康管

理者より指導等を受けなければならない。

5　従業員は、労働安全衛生法第66条の10の規定に基づくストレスチェックおよび面接指導の実施を求められた場合は、その指示に従うよう努めなければならない。なお、ストレスチェックおよび面接指導の詳細については、別に定める。

第7条（就業制限等）　会社は、前条の健康診断の結果またはそれ以外の事由により、従業員が業務に耐え得る健康状態でないと認める場合は、就業の禁止または制限、あるいは職務の変更を命じることがある。

第8条（健康管理手帳提示の義務）　健康管理手帳の所有者は、入社に際し、それを提示しなければならない。

第5章　その他

第9条（危険有害業務）　会社は、危険有害業務については、関係法令の定めるところにより、就業を禁止または制限する。

第10条（免許証等の携帯）　法定の免許または資格を有する者でないと就業できない業務に従事する者は、就業時は、当該業務に係る免許証または資格を証する書面等を常に携帯しなければならない。

第11条（安全衛生点検）　会社は、災害発生の防止を図るため、関係法令に定めるものの他、所定の安全衛生点検を行う。

第12条（保護具等の使用）　危険有害な業務に従事する者は、保護具等を使用しなければならない。

第13条（非常災害時の措置）　従業員は、火災発生時には実態に応じ、必要な応急措置を行い、速やかに直属所属長に報告し、指示を受けなければならない。

2　労務安全担当課長は、災害の原因について分析し、類似災害を防止するために必要な措置を講じなければならない。

附　則

1　この規程は令和○年○月○日に制定し、同日実施する。

従業員が業務中に負傷したときの報告書について知っておこう

事業を管轄する労働基準監督署に労働者死傷病報告を提出する

◉ 休業の場合には、回数によって手続きが違う

　労働者が業務中にケガをして死亡または4日以上休業したときは、事業主は「労働者死傷病報告」を提出しなければなりません。ただし、休業が4日未満の場合は、前3か月分の業務災害をまとめて4月、7月、10月、翌年1月のいずれかの月に提出することになります。

　「労働者死傷病報告」の提出の目的は、どのような労働災害が起こっているのかを監督官庁側で把握することにあります。これによって、事故の発生原因の分析や統計を取り労働災害の再発防止の指導などに役立たせています。なお、通勤途中のケガの場合には、休業日数に関係なく「労働者死傷病報告」の提出は不要です。

【請求手続】

　事故があった後、なるべく早めに管轄の労働基準監督署に提出します。休業が4日以上続いた場合（244ページ）と休業が4日未満の場合（245ページ）では提出する「労働者死傷病報告」の書式が異なります。

【添付書類】

　特に決まっているわけではありませんが、事故などの災害の発生状況を示す図面や写真などがあれば添付します。

【ポイント】

　「労働者死傷病報告書」の提出の目的は、使用者側から「労働者死傷病報告書」を提出してもらうことによって、どのような労働災害が起こっているのかを監督官庁側で把握することにあります。これによって、事故の発生原因の分析や統計を取り労働災害の再発防止の指導などに役立たせています。

● クレーンやゴンドラの転倒などの事故が生じた場合の報告書

　労働災害が発生したような事故を起こした場合、労働基準監督署に死傷病報告を提出しますが、物損事故についても以下に挙げる事故の場合は、人身事故がなくても労働基準監督署に「事故報告書」を提出する必要があります。対象となる事故は労働安全衛生規則96条に定められています。主なものは以下のとおりです。

・事業場内またはその附属建設物内で発生した火災、爆発の事故
・事業場内またはその附属建設物内で発生した遠心機械、研削といしその他の高速回転体の破裂
・事業場内またはその附属建設物内で発生した機械集材装置の鎖の切断や建設物の倒壊などの事故
・ボイラーの破裂
・クレーンや移動式クレーン、デリックの倒壊、ワイヤーロープの切断など

【手続】

　事故が発生した場合には、遅滞なく「事故報告書」を所轄の労働基準監督署に提出します。

【添付書類】

　特定の添付書類はありませんが、「事故報告書」には事故の発生状況や原因などを詳しく記入します。そのため記入欄に書ききれない場合は別紙に記入して添付します。

【ポイント】

　事故が発生した場合には、応急の措置をするとともに、素早く的確に事故の状況を把握し、その内容を具体的に漏れなく報告することが必要です。原因となった機械を特定し、その機械の概要についても記入する必要があります。また、事故再発の防止対策も記入します。

労働者死傷病報告

様式第23号(第97条関係)（表面）

労働保険番号(建設業の工事に従事する下請人の労働者が被災した場合、元請人の労働保険番号を記入すること。)	事業の種類

8 | 1 | 0 | 0 | 1

1 | 3 | 4 | 0 | 7 | 1 | 0 | 9 | 9 | 9 | 0 | 0 | 0

都道府県　所掌　管轄　基幹番号　枝番号　被一括事業場番号

総合工事業

事業場の名称(建設業にあっては工事名を併記のこと)

カナ　カ | ブ | シ | キ | ガ | イ | シ | ャ | ト | ウ | ザ | イ | ケ | ン | セ | ツ

漢字　株 | 式 | 会 | 社 | 東 | 西 | 建 | 設

工事名　新 | 宿 | 中 | 央 | 病 | 院 | 新 | 築 | 工 | 事

職員記入欄
派遣元の事業場の
労働保険番号

都道府県　所掌　管轄　基幹番号　枝番号　被一括事業場番号

派遣労働者が被災した場合は、派遣先の事業場の郵便番号

－

事業場の所在地
東京都新宿区中央2-1-1　電話　03(3333)1234

構内下請事業の場合は親事業者の名称、建設業の場合は元方事業者の名称
関東・東西建設共同企業体

派遣労働者が被災した場合は、派遣先の事業場の名称

郵便番号 1 | 6 | 0 | － | 0 | 0 | 0 | 1

労働者数 | 3 | 4 | 5 |人

発生日時(時間は24時間制にすること。)
7:平成
9:令和
9 | 0 | 4 | 0 | 5 | 1 | 9 | 1 | 4 | 3 | 0

被災労働者の氏名(姓と名の間は1文字空けること。)

カナ　カ | ナ | ヤ | マ | | ヨ | ウ | イ | チ

漢字　神 | 奈 | 山 | | 洋 | 一

生年月日
明治1/大正3/昭和5/平成7/令和9
5 | 3 | 8 | 0 | 2 | 2 | 4 | (59)歳

性別　○

職種　**塗装工業**

経験期間 3 | 0 | 0

休業見込期間又は死亡日時(死亡の場合は死亡欄に○)
休業見込 0 | 7 | | | ○　死亡

死亡日時

傷病名　**右腕打撲**

傷病部位　**右腕**

被災地の場所
**東京都
新宿区中央2-6-5**

災害発生状況及び原因
①どのような場所で ②どのような作業をしているときに ③どのような物又は環境に ④どのような不安全な又は有害な状態があって ⑤どのような災害が発生したかを詳細に記入すること。

令和4年 5月 19日午後2時半頃、
病院新築工事現場にて、塗装工事の
際、4尺脚立の天板から1段下の段
（高さ約1ｍ）に乗り4階天井の木
枠を塗装する作業中、誤ってバラン
スを崩し、落下した。その際、合板
の床に右腕を強打して負傷した。

略図(発生時の状況を図示すること。)

床へ落下

労働者が外国人である場合のみ記入すること。
（国籍・地域）　　（在留資格）
（　　　）（　　　）

職員記入欄

国籍・地域コード　在留資格コード

起因物　　店社コード　　業種分類

事故の型　発注者種別　事業場等区分　業務上疾病

報告書作成者
職　氏名　**労務課課長　赤山三郎**

令和4年 6月 1日

事業者職氏名　**株式会社　東西建設
代表取締役　千葉二郎**

新宿労働基準監督署長殿

受付印

書式３　労働者死傷病報告（休業が４日未満の場合）

様式第24号（第97条関係）

労　働　者　死　傷　病　報　告

事　業　の　種　類	事業場の名称（建設業にあっては工事名を併記のこと。）	事業場の所在地	電話	労働者数
総合工事業	株式会社 南北建築	新宿区東新宿 1－2－3	03（1234）5678	167

					災害発生状況（派遣労働者が被災した場合は、派遣先の事業場名を併記のこと。）
被災労働者の氏名	性別	年齢	職種	派遣労働者の場合は欄に○	傷病名及び傷病の部位	発生月日	休業日数	

被災労働者の氏名	性別	年齢	職種	派遣労働者の場合は欄に○	傷病名及び傷病の部位	発生月日	休業日数	災害発生状況（派遣労働者が被災した場合は、派遣先の事業場名を併記のこと。）
黒田 裕一	男・女	35歳	内装工		熱中症	8月11日	1	室温40度の現場で作業中、めまいやふらつきがあり、熱中症を発症したもの
白井 恭介	男・女	58歳	内装工		側頭部外傷	9月13日	2	棚の解体作業中、近くにあったカーテンレールに側頭部をぶつけたもの
	男・女	歳				月　日		
	男・女	歳				月　日		
	男・女	歳				月　日		
	男・女	歳				月　日		
	男・女	歳				月　日		

報告書作成者職氏名　総務課長 西村一郎

令和 4 年 10 月 5 日

新宿 労働基準監督署長殿

事業者職氏名　株式会社 南北建築
代表取締役　南山次郎

備考　派遣労働者が被災した場合、派遣先及び派遣元の事業者は、それぞれ所轄労働基準監督署に提出すること。

様式第22号（第96条関係）

事 故 報 告 書

事業場の種類	事業場の名称（建設業にあっては工事名併記のこと）	労働者数
総合工事業	株式会社 大東京工業 羽田町地内水道管交換工事	60人

事 業 場 の 所 在 地	発 生 場 所
東京都大田区羽田中央1-1-1 （電話　03-3123-4567　　）	東京都大田区羽田東 5-5-5

発 生 日 時	事故を発生した機械等の種類等
令和4 年 9 月 7 日 10 時 00 分	トラック搭載クレーン（吊上荷重2.9t）

構内下請事業の場合は親事業場の名称 建設業の場合は元方事業場の名称	大日本建設株式会社 東京支店

事 故 の 種 類	ワイヤーロープの切断

<table>
<tr><td rowspan="3">人的被害</td><td colspan="2" rowspan="2">区 分</td><td>死亡</td><td>休業4日以上</td><td>休業1～3日</td><td>不休</td><td>計</td><td rowspan="3">物的被害</td><td>区 分</td><td>名称、規模等</td><td>被害金額</td></tr>
<tr><td rowspan="2">事故発生事業場の被災労働者数</td><td>男</td><td>0</td><td>0</td><td>1</td><td>2</td><td>3</td><td>建 物</td><td>m²</td><td>円</td></tr>
<tr><td></td><td></td><td></td><td></td><td></td><td></td><td>その他の建設物</td><td></td><td>円</td></tr>
<tr><td></td><td>女</td><td></td><td></td><td></td><td></td><td></td><td>機 械 設 備</td><td>ワイヤーロープ切断</td><td>150,000 円</td></tr>
<tr><td></td><td></td><td></td><td></td><td></td><td></td><td></td><td>原 材 料</td><td></td><td>円</td></tr>
<tr><td rowspan="2">その他の被災者の概数</td><td rowspan="2">なし</td><td></td><td></td><td></td><td></td><td></td><td>製 品</td><td></td><td>円</td></tr>
<tr><td></td><td>（</td><td></td><td></td><td>）</td><td></td><td>そ の 他</td><td></td><td>円</td></tr>
<tr><td></td><td></td><td></td><td></td><td></td><td></td><td></td><td>合 計</td><td></td><td>円</td></tr>
</table>

事 故 の 発 生 状 況	トラック搭載クレーンの荷台から水道管10m（約500kg）を玉掛けし、設置予定箇所に降ろそうとしたところ、作業員に当たりそうになったため、巻き上げ操作を行ったところワイヤーロープが切断した。
事 故 の 原 因	急激な巻き過ぎにより、劣化していたワイヤーロープが切断したこと。事前点検において劣化を発見できなかったこと。
事 故 の 防 止 対 策	作業開始前の異常点検の徹底。 吊り荷の下に作業員を立ち入らせないこと。
参 考 事 項	巻き過ぎ警報装置が正常に作動することにより、ワイヤーロープの切断事故が防げるので、作業開始前に作動を確認する。
報告書作成者職氏名	総務部長　山梨 吉雄

令和 4 年 9 月 9 日

大田 労働基準監督署長　殿

事業者 職 氏名　　株式会社 大東京工業
代表取締役 東京 太郎

備考
1　「事業の種類」の欄には、日本標準産業分類の中分類により記入すること。
2　「事故の発生した機械等の種類等」の欄には、事故発生の原因となった次の機械等について、
　それぞれ次の事項を記入すること。
　(1)　ボイラー及び圧力容器に係る事故については、ボイラー、第一種圧力容器、第二種圧力容器、
　　小型ボイラー又は小型圧力容器のうち該当するもの。
　(2)　クレーン等に係る事故については、クレーン等の種類、型式及びつり上げ荷物又は積載荷重。
　(3)　ゴンドラに係る事故については、ゴンドラの種類、型式及び載積荷重。
3　「事故の種類」の欄には、火災、鎖の切断、ボイラーの破裂、クレーンの逸走、ゴンドラの落下
　等具体的に記入すること。
4　「その他の被災者の概数」の欄には、届出事業者の事業場の労働者以外の被災者の数を記入し、
　（ ）内には死亡者数を内数で記入すること。
5　「建物」の欄には構造及び面積、「機械設備」の欄には台数、「原材料」及び「製品」の欄にはそ
　の名称及び数量を記入すること。
6　「事故の防止対策」の欄には、事故の発生を防止するために今後実施する対策を記入すること。
7　「参考事項」の欄には、当該事故において参考になる事項を記入すること。
8　この様式に記載しきれない事項については、別紙に記載して添付すること。

その他どんな書類を作成すればよいのか

労働者の安全を確保するための書式

◎ 書式を作成する際の注意点

　労働安全衛生法では、事業場の業種や規模によって、安全・衛生についての管理責任者の選任や健康診断の実施の報告を求めています。必要に応じて、以下の書式を提出します。

・定期健康診断結果報告書（249ページ）

　常時50人以上の労働者を使用している会社の場合には、健康診断を行ったときに「定期健康診断結果報告書」を提出しなければなりません。

・安全衛生教育実施結果報告（250ページ）

　事業者は、労働者を雇い入れたとき、労働者の作業内容を変更したとき、一定の危険有害業務に労働者を就かせるとき（特別教育）、職長等の職務に就かせるときに安全衛生教育を行わなければなりません。

　また、所轄都道府県労働局長が指定する事業場については、前年度における安全衛生教育の実施状況を、「安全衛生教育実施結果報告」により毎年度報告する必要があります。作成する際には、雇入れ時、作業内容の変更時、特別教育、職長教育と、教育の種類ごとに作成し、学科実技などの教育方法についても記入します。

・総括安全衛生管理者・安全管理者・衛生管理者・産業医選任報告（251ページ）

　事業場の安全衛生管理体制では、一定の業種、規模（労働者数）の事業場について管理責任者の選任と委員会の組織化を求めています。

・建設物・機械等設置・移転・変更届（252ページ）

　一定の動力プレスや化学設備、機械集材装置、足場や型わく支保工、有機溶剤の蒸気の発散源を密閉する設備等を設置、移転したり主要構

造部分を変更しようとする場合には、その計画を工事開始の30日前までに労働基準監督署長に届け出なければなりません。記載する際は、計画の概要について簡潔に記入します。製造または取り扱う物質については、有害な物質が明確にわかるように記入し、取扱量は日、週、月等一定の期間に通常取り扱う量を記入します。また、機械等の詳細（種類や材質、面積や構造の概要など）を記載した書面および、組立図や配置図などの図面を添付します。

・建設工事・土石採取計画届（253ページ）

　高さ31mを超える建築物の建設等の業務や掘削の高さまたは深さが10m以上である地山の掘削作業、あるいは土石採取のための掘削作業を行う場合は、工事開始日の14日前までに所轄労働基準監督署長にその計画を届け出る必要があります。仕事の範囲を記入する時は、労働安全衛生規則90条各号の区分により記入し、計画の概要は簡潔に記入します。「土石採取計画届」を提出するときは、仕事を行う場所の周囲の状況と四方の隣接地との関係を示す図画、機械、設備、建設物等の配置を示す図面、採取の方法を示す書面または図画、労働災害を防止するための方法と設備の概要を示す書面または図画を添付します。

・クレーン設置届（254ページ）

　つり上げ荷重が3t以上のクレーン（スタッカークレーンは1t以上）を設置あるいは変更、移転をしようとする事業者と廃止したクレーンを再び設置しようとする事業者、性能検査を受けずに6か月以上経過したクレーンを再び使用しようとする事業者は、「クレーン設置届」を所轄労働基準監督署長に提出します。クレーン設置届には、クレーン明細書、クレーンの組立図、クレーンの種類に応じた構造部分の強度計算書、一定の事項（据付ける箇所の周囲の状況・基礎の概要・走行クレーンの場合は走行の範囲）を記載した書面を添付します。

様式第6号（第52条関係）（表面）

定期健康診断結果報告書

| 80311 |

労働保険番号（都道府県／所掌／管轄）： 1 3 1 0 5 0 1 2 3 4 5 0 0 0（基幹番号／枝番号／被一括事業場番号）

| 対象年 | 7：平成　9：令和　→ | 9 0 4 （1月～12月分）（報告1回目） 1～9年は右↑ |
| 健診年月日 | 7：平成　9：令和　→ | 9 0 4 1 2 1 5　元号↑ 1～9年は右↑ 1～9月は右↑ |

| 事業の種類 | 総合工事業 |
| 事業場の名称 | 株式会社 東西建設 |

| 事業場の所在地 | 郵便番号（ 101-0101 ）東京都中央区中央１－１－１　　電話　03 2468 1357 |

| 健康診断実施機関の名称 | 中央健診センター | 在籍労働者数 | 7 4　右に詰めて記入する↑ |
| 健康診断実施機関の所在地 | 中央区中央２－４－６ | 受診労働者数 | 7 4　右に詰めて記入する↑ |

（＊）労働安全衛生規則第13条第1項第2号に掲げる業務に従事する労働者数を（右に詰めて記入する）

計 □□□□人

健康診断項目		実施者数	有所見者数			実施者数	有所見者数
	聴力検査（オージオメーターによる検査）（1000Hz）	7 4		肝機能検査		7 4	3
	聴力検査（オージオメーターによる検査）（4000Hz）	7 4		血中脂質検査		7 4	2
	聴力検査（その他の方法による検査）			血糖検査		7 4	
	胸部エックス線検査	7 4	7	尿検査（糖）		7 4	
	喀痰検査	6		尿検査（蛋白）		7 4	
	血圧	7 4		心電図検査		4 2	
	貧血検査	4					

| 所見のあった者の人数 | 1 2 | 医師の指示人数 | 2 | 歯科健診 | 実施者数 | 有所見者数 |

| 産業医 | 氏名 | 山中一郎 |
| | 所属医療機関の名称及び所在地 | 山中クリニック　中央区中央３－１－16 |

令和5年1月11日

中央　労働基準監督署長殿

事業者職氏名　株式会社 東西建設　代表取締役　南川次郎

受付印

安全衛生教育実施結果報告

様式第4号の5（第40条の3関係）	令和3年4月1日から令和4年3月31日まで

事業場の名称	株式会社 大東京工業	事業場の所在地	東京都大田区羽田中央 1-1-1

教育の種類	イ 雇入れ時の教育　　ロ 作業内容変更時の教育　　ハ 特別の教育　　ニ 職長等の教育	性別　労働者数	男	女	計	教育を省略した理由

（イに〇）

教育実施月日	令和3年4月1日～令和3年4月7日	全労働者数	50	10	60	前職で10年にわたり、建設業に従事し、雇入れ時の教育内容については熟知している。
	令和3年10月1日～令和3年10月7日	教育の対象となる労働者数	8	2	10	
	年 月 日～ 年 月 日	教育を省略できる労働者数	2	0	2	
	年 月 日～ 年 月 日	教育を実施した労働者数	6	2	8	

教育内容					教育実施担当者		
科目又は事項	教育方法	教育内容の概要	教育時間	使用教材等	氏名	職名	資格
機械の扱い方法 保護具の性能 作業手順 作業開始時の点検 疾病の原因と予防 整理整頓 事故時の応急措置及び避難 その他	学科／実技 学科 学科／実技 学科／実技 学科 学科／実技 学科／実技 学科／実技	労働者が使用する機械の危険性等を周知し、危険を避けるための保護具の取扱い方法、作業手順、点検について教え、整理整頓の必要性、緊急時の退避方法、その他安全衛生に関する事項	40時間	当社安全衛生マニュアル	大阪一郎	工場長	一級建築士

令和4年4月8日

事業者 職 氏名　株式会社 大東京工業
代表取締役 東京 太郎

大田 労働基準監督署長 殿

（備考）　1　この報告は、教育の種類ごとに作成すること。
　　　　　2　「教育の種類」の欄は、該当事項を〇で囲むこと。
　　　　　3　「教育の内容」及び「教育実施担当者」の欄は、報告に係る期間中に実施された教育のすべての科目又は事項について記入すること。
　　　　　4　「教育方法」欄は、学科教育、実技教育、討議等と記入すること。
　　　　　5　労働安全衛生規則第40条の3第1項の規定により作成した安全衛生教育の計画を添付すること。

様式第3号（第2条、第4条、第7条、第13条関係）（表面）

総括安全衛生管理者・安全管理者・衛生管理者・産業医選任報告

8 0 4 0 1	労働保険番号	1 3 1 0 5 0 1 2 3 4 5 0 0 0

都道府県　所掌　管轄　　基幹番号　　　　枝番号　　被一括事業場番号

ページ／総ページ　□□/□□

事業場の名称	株式会社 東西建設	事業の種類	坑内労働者又は有害業務（労働基準法施行規則第18条各号に掲げる業務）に従事する労働者数	人
事業場の所在地	郵便番号（ 101-0101 ） 東京都中央区中央1－1－1	建設業	坑内労働者又は労働基準法施行規則第18条第1号、第3号から第5号まで若しくは第9号に掲げる業務に従事する労働者数	人

電話番号	0 3 - 2 4 6 8 - 1 3 5 7		労働者数	7 4	計	

※左に詰めて記入する　　　　　　　　　　　　　※右に詰めて記入する

産業医の場合は、労働安全衛生規則第13条第1項第3号に掲げる業務に従事する労働者数

フリガナ 姓と名の間は1文字空けること	ホ ッ カ イ　　カ ス゛ オ
被選任者氏名 姓と名の間は1文字空けること	北 海　　一 男

選任年月日	7：平成 9：令和 →	元号 年 月 日 9 0 4 0 7 0 1	生年月日	元号 年 月 日 5 4 1 0 3 0 9	選任種別	2	1．総括安全衛生管理者 2．安全管理者 3．衛生管理者（4以外の者） 4．衛生管理者（衛生工学管理担当） 5．産業医

1～9月は右詰　1～9月は右詰　1～9月は右詰　　　　1～9月は右詰　1～9月は右詰　1～9月は右詰

・安全管理者又は衛生管理者の場合は担当すべき職務	安全管理一般に関すること	専属の別	1	1．専属 2．非専属	他の事業場に勤務している場合は、その勤務先	
		専任の別	2	1．専任 2．兼職	他の業務を兼職している場合は、その業務	総務部長

・総括安全衛生管理者又は安全管理者の場合は経歴の概要	○○大学　理工学部卒 令和2年7月1日～令和3年6月30日　施設係長 令和3年7月1日～令和4年6月30日　施設課長 以上の職において、産業安全の実務経験2年以上あり

・産業医の場合は医籍番号等	□ － □□□□□□□□□□

種別　　　医籍番号（右に詰めて記入する）

フリガナ 姓と名の間は1文字空けること	
前任者氏名 姓と名の間は1文字空けること	

辞任、解任等の年月日	7：平成 9：令和 →	元号 年 月 日 □□□□□□□	参考事項	

1～9月は右詰　1～9月は右詰　1～9月は右詰

令和4 年 7 月10日

中央　労働基準監督署長殿

事業者職氏名

株式会社 東西建設
代表取締役
南 川 次 郎

受付印

様式第20号（第86条関係）

機 械 等 設 置・~~移転・~~変更届

事業の種類	総合工事業	事業場の名称	株式会社新東京工業	常時使用する労働者数	60人
設 置 地	東京都新宿区新宿123	主たる事務所の所在地	\[3列にわたる\] 東京都大田区羽田東2-4-6　電話 03（3123）0123		

計画の概要	足場の設置を行う。高さ 25.4ｍ。躯体工事用として、躯体の全周に枠組足場を設置。

製造し、又は取り扱う物質等及び当該業務に従事する労働者数	種 類 等	取 扱 量	従事労働者数		
			男	女	計
			5名	0名	5名

参画者の氏名	坂本　義男	参 画 者 の経 歴 の 概 要	一級建築士免許番号　第123号型枠支保工・足場工事計画作成参画者資格研修修了証番号　第456号

工 事 着 手予 定 年 月 日	令和4年 6月10日	工 事 落 成 予 定年 　 月 　 日	令和4年 6月17日

令和4 年　5 月　1 日

事業者職氏名 **株式会社 新東京工業**
　　　　　　 代表取締役 東京 一郎

新宿 労働基準監督署長　殿

備考
1　表題の「設置」、「移転」及び「変更」のうち、該当しない文字を抹消すること。
2　「事業の種類」の欄は、日本標準産業分類の中分類により記入すること。
3　「設置地」の欄は、「主たる事務所の所在地」と同一の場合は記入を要しないこと。
4　「計画の概要」の欄は、機械等の設置、移転又は変更の概要を簡潔に記入すること。
5　「製造し、又は取り扱う物質等及び当該業務に従事する労働者数」の欄は、別表第7の13の項から25の項まで（22の項を除く。）の上欄に掲げ

建　設　工　事
~~土　石　採　取~~　計　画　届

様式第21号（第91条、第92条関係）

事 業 の 種 類	事 業 場 の 名 称	仕事を行う場所の地名番号	
鉄骨鉄筋コンクリート造家屋建設工事	株式会社 大東京工業	東京都大田区羽田東2-20-3　電話　03（3123）8901	
仕 事 の 範 囲	労働安全衛生規則第90条第1号（高さ31mを超える建築物等の建設等の仕事）	採取する土石の　種　類	
発 注 者 名	関東不動産株式会社	工事請負金　額	100,000,000 円
仕 事 の 開 始予 定 年 月 日	令和 4 年 5 月 20 日	仕 事 の 終 了予 定 年 月 日	令和 4 年 12 月 25 日
計 画 の 概 要	鉄骨造（一部、鉄骨鉄筋コンクリート造）地下1階、地上10階　延べ面積 10,000 ㎡高さ 65.0m（軒高 60m、ペントハウス 5m）		
参 画 者 の 氏 名	東京　太郎	参画者の経歴の概要	一級建築士免許番号　第654321号建築工事における安全衛生の実務経験5年（経歴の詳細は別紙）
主たるの事務所の 所 在 地	東京都大田区羽田中央1-1-1　電話　03（3123）4567		
使 用 予 定労 働 者 数	10 人	関係請負人の予定数　100 人	関係請負人の使用する労働者の予定数 の 合 計　110 人

令和　4　年　5　月　2　日

　　　　　　　　　　　　　　事業者職氏名　　　　株式会社 大東京工業
　　　　　　　　　　　　　　　　　　　　　　　代表取締役
　　　　　　　　　　　　　　　　　　　　　　　　　　東京　太郎

厚 生 労 働 大 臣
大田 労働基準監督署長　殿

備考
1　表題の「建設工事」及び「土石採取」のうち、該当しない文字を抹消すること。
2　「事業の種類」の欄は、次の区分により記入すること。
　建 設 業　水力発電所等建設工事　ずい道建設工事　地下鉄建設工事　鉄道軌道建設工事
　　　　　　橋梁建設工事　道路建設工事　河川土木工事　砂防工事　土地整理土木工事
　　　　　　その他の土木工事　鉄骨鉄筋コンクリート造家屋建築工事　鉄筋造家屋建築工事
　　　　　　建築設備工事　その他の建築工事　電気工事業　機械器具設置工事　その他の設備工事
　土石採取業　採石業　砂利採取業　その他土石採取業
3　「仕事の範囲」の欄は、労働安全衛生規則第90条号の区分により記入すること。
4　「発注者名」及び「工事請負金額」の欄は、建設工事の場合に記入すること。
5　「計画の概要」の欄は、届け出る仕事の主な内容について、簡潔に記入すること。
6　「使用予定労働者数」の欄は、届出事業者が直接雇用する労働者数を記入すること。
7　「関係請負人の使用する労働者の予定数の合計」の欄は、延数で記入すること。
8　「参画者の経歴の概要」の欄には、参画者の資格に関する学歴、職歴、勤務年数等を記入すること。

書式10　クレーン設置届

様式第2号（第5条関係）

クレーン設置届

事 業 の 種 類	総合工事業			
事 業 の 名 称	株式会社 大東京工業			
事業場の所在地	東京都大田区羽田中央 1-1-1　電話（　　　03-3123-4567　）			
設 置 地	東京都大田区羽田中央 2-3-5			
種 類 及 び 型 式	クラブトロリ式天井クレーン（つり上げ荷重			100t
製造許可年月日及び番号	令和 4 年 4 月 15 日東京労働局第 999 号（			）
設置工事を行う者の名称及び所在地	大日本建設株式会社　東京都大田区西羽田 6-5-6　電話（　03-3123-5678　）			
設置工事落成予定年月日	令和 4 年 12 月 10 日			

令和 4 年 6 月 1 日

　　大田 労働基準監督署長 殿

事業者職氏名　株式会社 大東京工業
代表取締役 東京 太郎

（備考）
1　「事業の種類」の欄は、日本標準産業分類（中分類）による分類を記入すること。
2　「製造許可年月日及び番号」の欄の（ ）内には、すでに製造許可を受けているクレーンと型式が同一であるクレーンについて、その旨を注記すること。

254

注文者とのトラブルを解決する機関

建設工事の請負契約においては、「雨漏りなどの欠陥があるのに業者が認めない」「工事代金を請求したが一方的に値切られた」などの紛争が発生することがあります。建設業法では、このような建設工事に関わる紛争を解決するための準司法機関（ADR機関）として、建設工事紛争審査会を設置することを定めています。

建設工事紛争審査会には、国土交通省に設置されている「中央建設工事紛争審査会」と、各都道府県に置かれている「都道府県建設工事紛争審査会」があります。各々の審査会は、法律・建築・土木の学識経験者などの中から選任された委員により組織されます。申請先は原則として建設業者の許可行政庁によって決まります。

審査会は当事者からの申請を受けると、双方の主張を聞き、提出された証拠を精査します。審査会が行う紛争解決の手続には「あっせん」「調停」「仲裁」の3つがあります。

あっせんは、当事者に話し合いの機会を与え、双方の主張の要点を確かめ、相互の誤解を取り除いて和解に導こうとする制度です。基本的に話し合いを促すものですので、必ずしもあっせん案の提示は行われません。調停は、当事者に話し合いの機会を与え、場合によっては調停案を示し、その受諾を勧告して紛争を解決しようとする制度です。当事者に調停案の受諾を勧告できる（勧告に応じる義務はありません）点が、あっせんと異なっています。

調停による合意の効力は、あっせんと同じく民法上の和解の効力と同じです。仲裁は、和解による解決ではなく、審査会に裁判所の判決に代わる仲裁判断をしてもらう制度です。仲裁判断には確定判決と同じ効力が認められます。

どの手続きを行うかは、紛争の内容や解決の見込み、緊急度などを考慮し、申請者が選択します。

【監修者紹介】

林　智之（はやし　ともゆき）

1963年生まれ。東京都出身。社会保険労務士（東京都社会保険労務士会）。早稲田大学社会科学部卒業後、民間企業勤務を経て2009年社会保険労務士として独立開業。

「私にかかわる全ての人が幸せになっていくこと」を理想として、開業当初はリーマンショックで経営不振に陥った中小企業を支えるため、助成金の提案や労務管理改善の提案を中心に行う。その後車椅子ユーザーの女性との結婚が転機となり障害者支援の活動を始め、障害年金の手続きのみならず、障害者の移動支援や経済活動支援など社会進出の手助けを行う。また、セミナー講師も積極的に行っている。

主な監修書に『雇用をめぐる助成金申請と解雇の法律知識』『社会保険の申請書式の書き方とフォーマット101』『入門図解　労働安全衛生法のしくみと労働保険の手続き』『管理者のための　最新　労働法実務マニュアル』『給与・賞与・退職金をめぐる法律と税務』『障害年金・遺族年金のしくみと申請手続き ケース別32書式』『入門図解 最新 メンタルヘルスの法律知識と手続きマニュアル』『障害者総合支援法と障害年金の法律知識』など（いずれも小社刊）がある。

さくら坂社労士パートナーズ
http://www.syougaisyasien.com/

三訂版
事業者必携
建設業の法務と労務　実践マニュアル

2022年10月30日　第1刷発行

監修者	林智之
発行者	前田俊秀
発行所	株式会社三修社
	〒150-0001　東京都渋谷区神宮前2-2-22
	TEL　03-3405-4511　FAX　03-3405-4522
	振替　00190-9-72758
	https://www.sanshusha.co.jp
	編集担当　北村英治
印刷所	萩原印刷株式会社
製本所	牧製本印刷株式会社

©2022 T. Hayashi Printed in Japan
ISBN978-4-384-04902-2 C2032